AF227206

17700

TUNNEL SOUS-MARIN

ANGLO—FRANÇAIS

TYPOGRAPHIE HENNUYER, RUE DU BOULEVARD, 7, BATIGNOLLES.
Boulevard extérieur de Paris.

ÉTUDE

POUR L'AVANT-PROJET

D'UN

TUNNEL SOUS-MARIN

ENTRE

L'ANGLETERRE ET LA FRANCE

RELIANT

SANS ROMPRE CHARGE LES CHEMINS DE FER DE CES DEUX PAYS

PAR LA LIGNE DE GRINEZ A EASTWARE

AVEC LA CARTE DU TRACÉ PROJETÉ
ET LE PROFIL DU TUNNEL TRAVERSANT LE DIAGRAMME GÉOLOGIQUE
DU MASSIF SUBMERGÉ.

PAR M. A. THOMÉ DE GAMOND.

Mente, Corde, Manû.

———

PARIS

VICTOR DALMONT, ÉDITEUR,

Successeur de Carilian-Gœury et Vor Dalmont,
LIBRAIRE DES CORPS IMPÉRIAUX DES PONTS ET CHAUSSÉES ET DES MINES,
49, Quai des Grands-Augustins, 49.

1857

A MES MAITRES [1]

—

A MONSIEUR L. CORDIER,

Membre de l'Institut, professeur de géologie au Muséum, président du Conseil général des mines.

Lorsqu'à la fin du siècle dernier la science armée posa le pied sur la terre d'Egypte, désigné par Monge et Dolomieu, vos illustres maîtres, comme le plus digne parmi la jeunesse de votre temps, vous eûtes la gloire de coopérer aux travaux de cette expédition héroïque.

Ceint de l'épée du guerrier, explorant, à travers les embuscades de l'Arabe étonné, le désert ennemi, où sol, climat, habitants, tout vous était contraire, vous préludiez, âgé de vingt ans, à cette longue série d'observations qui a jeté tant d'éclat sur votre enseignement pendant toute la première moitié du dix-neuvième siècle.

Si la fondation de la chimie pneumatique, par le grand Priestley, fut l'événement scientifique le plus considérable du dix-huitième siècle, votre *Théorie de la température terrestre* marque, dans celui-ci, le progrès le plus

[1] Cette épître dédicatoire, n'étant pas destinée à la publicité, n'a été tirée qu'à dix exemplaires.

saillant de la philosophie du monde physique. Elle contient les principes impérissables qui ont servi de base définitive à la géologie.

Puisse votre verte et brillante vieillesse, couronnant une vie si laborieuse, se prolonger longtemps, vénérable maître, pour la gloire de la science, dans ce siècle que vos travaux ont éclairé!

A MONSIEUR A. DUFRÉNOY,

Membre de l'Institut, professeur de minéralogie au Muséum et à l'Ecole des mines,
inspecteur général, directeur de l'Ecole des mines.

Hélas! maître cher et regretté, vous qu'une mort si prompte et si imprévue vient de nous ravir la veille du jour où vous alliez remonter dans cette chaire du Muséum, tant de fois illustrée par votre parole, permettrez-vous à votre disciple de vous adresser, jusque vers ces régions sereines où plane votre esprit, l'hommage d'un travail que votre indulgent suffrage avait encouragé?

Avant vous, digne et savant maître, la minéralogie était circonscrite dans les termes de programmes méthodiques peut-être, mais incomplets. Votre classification naturelle des corps, aujourd'hui partout adoptée et qui résume votre enseignement, a élargi l'étude des fonctions imposées au minéral, depuis l'état d'apparente inertie où il attend sa destination ultérieure, dans les réserves de la nature, jusqu'aux modifications que l'homme lui impose pour son usage. Elle permet de suivre les transformations que l'élément subit, à travers même le monde atomique de l'organisme vivant, jusque dans les passages mystérieux et subtils, aux confins de l'esprit, où la substance déliée semble perdre son essence matérielle. Par là votre enseignement a ouvert à la science un horizon sans limites.

Dans le souvenir de vos disciples, votre nom restera uni à celui de vos deux collègues, comme l'ont été vos travaux dans ce religieux concert mental pour l'étude du monde physique. Une sainte ardeur pour la science a groupé autour de vos chaires les mêmes hommes accourus de tous les points de la terre pour recueillir et répandre votre parole. En dépit de quelques sceptiques s'agitant sans écho, à l'époque la plus philosophique et la plus religieuse qui fut jamais, votre triple sacerdoce a dignement consacré le triomphe définitif du grand dogme de l'Unité de plan dans la nature.

A MONSIEUR L. ÉLIE DE BEAUMONT,

Sénateur, professeur de géologie au collége de France et à l'Ecole des mines, inspecteur général des mines, secrétaire perpétuel de l'Académie des sciences.

Tandis que le regard de vos deux illustres collègues pénétrait dans les profondeurs de l'écorce terrestre, jusqu'au centre de la planète, pour en scruter la température et la constitution intime, le vôtre s'étalait sur tous les horizons du sphéroïde, et constatait les lois qui ont présidé à la formation de ses coulées et de ses sédiments.

La lumière répandue par l'exposé de ces lois, sur la condition physiologique des terrains, a mis fin aux regrettables dissidences scientifiques dont notre jeunesse fut témoin, et a eu ce résultat direct de fournir au génie des mines des bases certaines pour le diriger dans la recherche et dans l'exploitation des gîtes minéraux.

Généralisant par des observations précises sur les continents, et en particulier sur le sol français, les recherches locales dans lesquelles les Anglais nous ont précédé, vous avez enseigné à vos contemporains la synthèse génésique du globe.

En étudiant, dans votre *Système de montagnes*, les rides gigantesques inscrites au front vieilli de la planète, l'esprit, par un élan rétrospectif, mesure avec effroi l'âge relatif des grands cataclysmes qui ont préparé cette immense palingénésie. Forte de vos enseignements, la pensée remonte le cours des âges disparus, et contemple dans toute sa gloire le travail des grandes journées de la création antérieure. Ainsi nous apparaît, avec une majesté non moins splendide, l'œuvre de la création actuelle qui se prolonge durant ce septième jour, sur le champ cultivé de longue main pour servir de domaine à la jeune humanité, sous le souffle puissant de l'Eternel.

Votre parole a dissipé pour toujours les songes naïfs dont les races primordiales se sont nourries à leur berceau. Toutes les nations adultes ont accepté avec empressement la doctrine consolante qui découle de vos enseignements. Elle explique comment l'humanité, fraîche éclose d'hier, faible et vacillante à son premier pas, peut s'avancer aujourd'hui, avec concert et fermeté, sur la route glorieuse qu'elle poursuit dans le ciel de Dieu.

Vous avez soulevé le voile des origines terrestres et enseigné la sainteté de la poussière. Vous avez agrandi et affermi la croyance. Oui, la Terre est un des jardins de Dieu, dans lequel il se révèle à nous en permanence. Oui, nous devons aimer cette Terre, support divin de l'esprit, tombe bénie de tout ce qui nous a précédés, berceau mystérieux de tout ce qui doit nous suivre !

Fidèle à cette grande tradition, la génération actuelle ne se laissera pas intimider par les doléances de ceux qui regrettent la vie contemplative du bon vieux temps, et qui s'attristent de voir l'humanité attachée plus fortement que jamais à sa demeure, pour la mieux connaître et l'embellir. Elle se dira que cet ébranlement collectif des peuples vers le travail est dans les desseins de Dieu, qui permet aujourd'hui à l'homme de mieux discipliner les forces physiques, au profit du règne de l'esprit. Elle tiendra pour aveugles ou ingrats ceux qui crient à la déchéance et qui ne voient pas qu'en se modifiant, la vie morale monte et s'agrandit sans cesse au-dessus des basses

appétences du sensualisme. Elle répétera, à votre exemple : Travaillons,
travaillons toujours, pour la glorification de celui qui ne se repose jamais.
à l'embellissement du domaine dont il nous a confié la culture !

MAITRES VÉNÉRÉS,

A vous donc l'hommage pieux d'un travail dont l'initiative remonte
à vos enseignements ! Votre disciple attendait, pour vous l'adresser en
liberté, que la phase d'examen officiel, auquel vous avez concouru pour
l'édification du gouvernement, fût parcourue. Pourquoi faut-il que depuis lors une mort soudaine ait ravi à la science et à la patrie, dans tout
l'éclat de sa vigueur, une des plus hautes intelligences de notre époque !
Recevez avec indulgence ce tribut filial d'un humble messager, parti depuis
vingt-cinq ans sur l'autorité de votre parole, et qui revient à vous, rap-
portant sa faible part d'une moisson durant laquelle vous l'avez assisté en
esprit. Si le but final, objet de cette étude, est un jour atteint, les généra-
tions qui jouiront du monument projeté vous sauront gré d'en avoir, par
vos lumières, préparé l'exécution, et d'avoir en cela fortifié le lien moral
de deux grands peuples.

Puisse le bienveillant accueil dont vous avez honoré le travail de votre
disciple, lorsque tout récemment il vous a rencontré parmi les juges officiels
de son œuvre, lui présager aussi le suffrage indulgent du public !

Paris, 5 avril 1857.

TUNNEL SOUS-MARIN

ANGLO-FRANÇAIS.

TUNNEL SOUS-MARIN

ANGLO–FRANÇAIS

PREMIÈRE PARTIE

PRÉPARATION.

—

CHAPITRE I

UTILITÉ DU PROJET. — SON IMPORTANCE COMME COMPLÉMENT DE L'ARTÈRE PRINCIPALE DE CIRCULATION ENTRE LES PEUPLES.

L'établissement d'une voie de jonction entre l'Angleterre et la France, conçu dès la fin du siècle dernier, a été surtout l'objet de préoccupations nouvelles depuis que la création des chemins de fer a imprimé un si grand mouvement de circulation dans les deux pays.

Si l'on jette un regard sur le tracé de ces nouvelles voies, brusquement interceptées par la mer, on demeure convaincu que les têtes de ces chemins ne sont, de chaque côté du détroit, que des jalons d'attente destinés à se relier dans une circulation commune et continue. Cette réunion s'accomplira dès que la volonté des deux nations, dont ce bras de mer entrave les rapports, aura résolu de franchir le détroit de Douvres sur une voie ferme, conforme aux exigences des populations et aux forces de l'industrie moderne.

La création de cette voie n'est pas une conception isolée: c'est le tronçon complémentaire d'un grand courant de circulation entre les peuples, courant qui s'étale sur l'Europe en rameaux parallèles, convergeant à la Méditerranée, pour s'infléchir vers l'Orient et pénétrer dans l'Inde, aboutissant ainsi par ses deux pôles aux possessions de l'Angleterre.

Trois obstacles naturels semblaient intercepter ce grand chemin des nations :

1° *Les déserts de la Basse Asie.* Le vice-roi d'Égypte s'efforce d'attirer le courant maritime dans le golfe Arabique, en proposant la réouverture du canal de Suez; et le gouvernement anglais fait étudier parallèlement, de concert avec la Porte Ottomane, une route ferrée vers l'Inde, à travers les populations réfractaires de la Mésopotamie, tronçon d'attente de la route terrestre de Londres à Calcutta.

2° *La muraille des Alpes.* Le percement en paraît décidé par le gouvernement sarde. Les chemins de France et d'Italie vont être reliés par une galerie souterraine, sous l'arête du mont Cénis.

3° *Le détroit de Douvres.* C'est l'objet du travail que nous proposons. Il s'agit de rattacher l'île d'Angleterre au continent d'Europe par une voie ferme percée sous la mer.

CHAPITRE II

L'idée d'unir l'Angleterre au continent, par une voie souterraine, n'est pas nouvelle. Le projet le plus ancien et le plus remarquable, pour le trajet du Pas-de-Calais par une voie ferme, est celui de l'ingénieur des mines Mathieu, en service dans le département du Nord. Conçu à la fin du siècle dernier, ce plan fut présenté au premier Consul, en 1802, et les profils en restèrent exposés durant des années, d'abord au palais du Luxembourg, à l'École des mines, et ensuite à l'Institut. Ils furent sans doute retirés plus tard par cet ingénieur ou par sa famille, car les recherches pour les retrouver aux diverses archives ont été infructueuses.

La tradition de ce projet nous a été transmise par M. L. Cordier, professeur de géologie au Muséum, et président du Conseil général des mines, qui se rappelle parfaitement aujourd'hui le système et le tracé de cette conception, laquelle remonte à près de soixante ans. Suivant les souvenirs du vénérable géologue, ce projet consistait en une voie souterraine formée de deux voûtes superposées, décrivant, dans leur parcours longitudinal, une ligne brisée, dont le point culminant était au centre du détroit, versant par deux rampes vers la France et l'Angleterre. La voûte inférieure servait de canal pour l'écoulement des eaux adventices, dont on se débarrassait aux deux extrémités dans des réservoirs épuisés. Sous la voûte supérieure était établie une route pavée, éclairée par des becs à l'huile et desservie par des diligences attelées de chevaux, seul moyen de traction usité à cette époque, où il n'était question encore ni de locomotive à vapeur, sur terre et sur mer, ni d'éclairage au gaz.

On ignore quelles étaient exactement les voies d'accession d'une ligne, dont les nœuds d'attache au continent devaient être situés à un niveau très-profond. On peut présumer qu'elles avaient une certaine analogie avec les anciennes rampes de Saint-Germain, remontées au petit pas par les attelages. Pour l'aérage du souterrain, comme pour l'attaque de sa construction, l'ingénieur des mines Mathieu proposait l'établissement d'une série de cheminées formées d'anneaux de fer, dans la pleine onde de la mer, et consolidées par des enrochements à la base.

La mémorable paix d'Amiens venait d'être conclue entre l'Angleterre et la France. On se flattait que sa durée permettrait de réaliser ce projet. Il fut présenté à l'illustre Fox, quand ce grand homme d'État vint à Paris recevoir les ovations de la France, durant cette courte paix à laquelle il avait travaillé avec tant de patriotisme et de dignité. Il accueillit ce plan de jonction internationale comme un des moyens les plus efficaces pour resserrer l'alliance des deux grandes nations, et s'en entretint avec le premier Consul, qui, émerveillé, lui dit à cette occasion : « *Oh! c'est une des grandes* « *choses que nous pourrons faire ensemble*[1]*!* »

[1] « Pendant le séjour de Fox à Paris, je le recevais souvent, dit Napoléon Ier (*Mémorial de Sainte-Hélène*). La renommée m'avait entretenu de ses talents. Je reconnus bientôt en lui une belle âme, un bon cœur, des vues larges, généreuses, libérales, un ornement de l'humanité. Je l'aimais. Nous causions souvent sans nul préjugé, et sur une foule d'objets. Fox était un modèle pour les hommes d'État, *et son école, tôt ou tard, doit régir le monde.* »

« Fox fut reçu comme un triomphateur dans toutes les villes de France où il passa. On lui offrit spontanément des fêtes. On lui rendit les plus grands honneurs dans tous les lieux où il fut reconnu. » (*Napoléon à Sainte-Hélène.* — O'Meara.)

Mais à l'aurore de ce siècle, le sens moral n'était pas assez complétement développé chez les deux grands peuples pour les unir
dans une mission civilisatrice. Chacun d'eux avait besoin d'isoler
encore son propre génie pour agréger les éléments divers de sa
nationalité, et la constituer définitivement. Une déplorable guerre
de quinze ans se ralluma et donna la mesure de leurs forces gigantesques. A cette lutte héroïque succéda un calme de quarante ans,
pendant lequel, comme les Hébreux du désert, les vaillants athlètes
de ces grandes querelles descendirent successivement dans la tombe.
Cette période de recueillement après le malheur, qui est pour les
nations ce qu'est pour l'homme la prière, et durant laquelle elles
font acte d'humilité, Dieu l'avait sans doute jugée nécessaire avant
de lier dans une puissante unité civilisatrice les deux races les
plus expansives de la grande famille humaine. Durant cette halte
d'observation, l'examen de conscience fut complet ; les deux peuples
apprirent à se mieux connaître et à s'estimer réciproquement. Le
lien moral, fondé sur l'appréciation, se consolida. Il vient de se
resserrer aux Expositions de Londres et Paris, et dans un commun
sacrifice, où le sang des deux races, versé cette fois pour la même
cause, a inauguré en Europe l'ère de conciliation. C'est alors qu'une
grande voix, partie de l'Angleterre, adressa aux agents britanniques,
sur tous les points du globe, ces instructions remarquables : « En
« toutes choses, vous agirez de concert avec les agents de la France,
« comme si vous étiez les représentants d'une seule et même na
« tion ! » Cette parole indiquait combien, depuis 1802 jusqu'à 1855,
l'idée religieuse avait pénétré les deux grandes nations. Les temps
prédits par la prophétie napoléonienne étaient arrivés. La politique généreuse et conciliatrice de l'école de Fox avait prévalu :
« *elle doit régir le monde !* »

Que l'on nous pardonne cette digression inspirée par l'esprit même du projet que nous présentons. Les grands monuments de l'industrie humaine n'ont de signification qu'autant qu'ils correspondent à un sentiment moral profond. Cette tendance morale s'agrandit aux proportions d'une expansion religieuse de premier ordre, dans l'effort des nations pour abaisser les remparts derrière lesquels se retrancha si longtemps leur antagonisme. La preuve de l'universalité de cette tendance est démontrée par l'attention sérieuse du monde entier, aujourd'hui fixée sur les détroits et les isthmes.

C'est donc à l'ingénieur Mathieu qu'il faut faire remonter le mérite d'avoir, le premier, attiré l'attention des gouvernements sur l'utilité d'unir la péninsule britannique au continent par un isthme souterrain. Il est à déplorer que la guerre ait fait ajourner l'espoir de réaliser le projet conçu par ce hardi mineur. Reconnaissons aujourd'hui que si cette espérance n'a été qu'un rêve, ce rêve fut alors celui d'un homme de génie, dont la conception devançait les forces morales et matérielles de son temps.

En effet, la notion des lois générales de la géologie, si utile au mineur pour l'étude locale des terrains, n'était pas encore établie comme elle l'a été depuis, dans la première moitié du dix-neuvième siècle. Sous ce rapport, et en l'absence d'un état des lieux du massif submergé, le projet de l'ingénieur Mathieu se réduit peut-être à un simple thème théorique; mais cette idée déjà contenait le germe d'un grand fait économique et moral qu'il était réservé à notre époque d'accomplir.

Parmi les propositions reproduites plus récemment, et parvenues à notre connaissance, aucune ne paraît présenter la trace d'études techniques locales. Ce sont, en général, des indices précurseurs, à l'état de desiderata, exprimés par différents organes de la presse périodique, comme pour acclimater dans l'opinion une idée dont le premier aspect est chimérique, et en préparer l'examen sérieux. Quand une idée se présente ainsi en germe pour parcourir la première phase d'épreuve avant l'examen final, les hommes de bonne volonté qui, sans se connaître, s'en font les apôtres, obéissent visiblement aux lois mystérieuses d'un concert tacite, mais réel, et, à ce point de vue, leurs efforts sont dignes de respect. C'est à ce titre que nous devons citer la proposition du docteur Payerne, qui consiste dans le nivellement, au fond de la mer, d'une ligne d'enrochements bétonnés, supportant une voie voûtée, construite dans la mer même, sous cloche à plongeur; celle de MM. Franchot et Tessié, consistant en une voie établie dans l'intérieur d'un tube en fonte, sur le plafond même du sol marin; celle de M. Favre[1], pour un tunnel sous-marin doublé d'une robe de bois ou de tôle, creusé au moyen de puits en tôle et en maçonnerie, bâtis en pleine onde, fermés de trappes et couverts de calottes en fonte.

Les propositions de MM. Payerne et Franchot résistent difficilement à l'examen de l'hydrographie locale du détroit. Celle de M. Favre, heureuse remembrance de l'idée de l'ingénieur Mathieu, rentre par cela même dans des conditions plus pratiques. Toutefois elle repose sur une erreur de principe, en indiquant, comme sol à percer, le terrain de transition qui n'existe sous le détroit qu'à des profondeurs inabordables pour l'industrie humaine, et en projetant de passer à travers une seule roche, ce qui serait désirable, sans doute; mais l'examen géologique démontre actuellement que ce passage ne peut s'ouvrir qu'en perçant une série de soixante-douze assises distinctes et caractérisées de roches agrégées ou meubles, dont plusieurs sont aquifères (V. l'*Écrin géologique*, Pl. III).

Ces différentes propositions, et beaucoup d'autres analogues, que

---

[1] Directeur du *Moniteur des connaissances usuelles et pratiques*, 1855.

nous nous abstenons d'énumérer, établies d'après le relief général résultant des sondes cotées aux cartes marines, ont pour caractère commun l'absence d'études sur la nature des milieux submergés. Elles semblent conçues en dehors des recherches hydrographiques et géologiques locales qui doivent éclairer la question et la dominent complétement, lumières à défaut desquelles la possibilité du passage reste douteuse, et la conception, à travers l'inconnu, se réduit à un simple désir. Néanmoins, comme ce désir est plausible, il faut, nous le répétons, grandement tenir compte aux auteurs de ces propositions des efforts qu'ils ont faits pour les vulgariser, en les livrant au vent de l'opinion publique, et en contribuant à fixer sur cette question l'examen de la science.

En terminant cette revue sommaire des projets antérieurs, nous devons mentionner une tentative d'étude entreprise, en 1850, par M. Ernest Mayer, actuellement ingénieur du matériel aux chemins de fer de l'Ouest, qui poursuivait la recherche d'un passage sous-marin dans la direction de Grinez à South-Foreland. Cet ingénieur s'abstint de publier un travail resté incomplet faute de documents suffisants sur la nature des milieux, et préféra s'arrêter plutôt que de poursuivre dans l'inconnu. Mais le côté remarquable et précieux de son travail, c'est qu'il s'était particulièrement appliqué à la recherche des meilleurs instruments pour un percement rapide. En concentrant vers cet objet toutes les ressources de l'industrie mécanique, il était parvenu à constater la possibilité d'une abréviation extraordinaire dans la durée des travaux.

Mentionnons également un *système de construction des tunnels sous l'eau*, produit depuis quelques années par M. S. Dunn. Il consiste en un appareil très-élémentaire et néanmoins très-ingénieux, dont la pièce principale est un cylindre protecteur, muni à l'avant d'un bouclier pour faciliter, à mesure de son avancement sous

l'eau, la pose des sections cylindriques d'un tube final. Nous croyons
cet appareil utilisable dans la pratique, sous certaines conditions,
pour la traversée des masses liquides. M. Dunn avait jugé son emploi applicable au détroit de Douvres. Tout en appréciant la valeur
de son système, nous ne le croyons pas utilisable pour cette destination, par des considérations purement hydrographiques déjà
indiquées, et qui, à part l'obstacle d'un relief sous-marin hérissé
d'aspérités, subordonnent toute tentative de passage sur le plafond
de la mer.

L'origine du projet de jonction qui nous est personnel remonte à
une époque déjà loin de nous, lorsque nous poursuivions l'étude
des cordons littoraux de ces mers, du Havre à l'Escaut, en 1833, et
de ceux de l'Océan, de Royan à Paimbœuf, en 1842, pour vérifier,
au point de vue agricole, les modifications survenues dans les atterrissements, depuis les travaux des Hollandais au dix-septième
siècle. Ce projet fut par nous sérieusement repris en 1851, lors de
l'Exposition universelle de Londres. Le spectacle de la circulation
internationale, déterminée par l'Exposition de Paris, en 1855, fut
décisif, et nous fit entreprendre de nouvelles campagnes d'exploration, dont nous allons consigner le résultat dans ce mémoire.

CHAPITRE III

Dans la recherche des divers moyens pour la jonction de l'Angleterre avec le continent, nous avons dû examiner trois plans différents :

1° *L'étude d'un pont tubulaire en fer*, reposant sur des piles en maçonnerie, dont plusieurs émergées à 52 mètres de l'étiage, et consistant en quatre cents piles et quatre cents arches de 40 mètres d'ouverture, tant plein que vide. Chaque pile et son arche, dans ces conditions, n'ayant pas paru devoir coûter moins de 10 millions, on arrivait ainsi à une dépense excédant 4 milliards de francs, chiffre qui ôtait à ce projet toute consistance pratique.

2° *L'étude d'un isthme factice*, unissant géographiquement l'Angleterre à l'Europe, sous la réserve de trois doubles chenaux de passage, ouverts à la navigation. Assez longtemps, nous avons nourri ce projet, dans lequel l'étude des difficultés hydrographiques et naturelles à surmonter semblait complète, et qui n'a rencontré, pour son application, que des obstacles d'intérêt humain : obstacles tellement sérieux, néanmoins, que nous avons dû renoncer, en leur présence, à l'espoir de voir réaliser cette entreprise.

3° Enfin, *l'étude d'une voie souterraine*, dont les tunnels du continent fournissent le point de départ pratique, et dont la donnée scientifique repose sur les investigations géologiques locales que nous allons exposer.

Nous préluderons d'abord à l'examen du troisième de ces projets, celui du tunnel sous-marin, que nous pensons aujourd'hui être d'une réalisation plus immédiatement praticable, le premier, celui du pont tubulaire, étant délaissé. Nous terminerons notre exposé par le deuxième de ces projets, celui de l'isthme de Douvres. Cette conception, bien qu'abandonnée aussi par nous, a rencontré de respectables adhérents qui, tout en y renonçant à regret, nous ont engagé à la publier.

Ce projet d'isthme factice avait été conçu, en désespoir de cause, à une époque de notre étude ultérieurement indiquée dans ce mémoire, époque où, à défaut de lumières suffisantes, nous doutions fortement de la possibilité de percer une galerie souterraine dans ce détroit. Néanmoins, la conception de l'isthme factice impliquait, au préalable, des solutions d'un ordre plus élevé, au point de vue technique, et plus de grandeur monumentale dans l'exécution que la création d'un tunnel. Les obstacles qui furent opposés alors à ce plan, par les intérêts de la navigation, tant en Angleterre qu'en France, eurent peut-être cela d'heureux, qu'ils ramenèrent de nouveau notre examen sur la nature des formations sous-marines, et firent faire par là un pas utile à la question. En concentrant une investigation opiniâtre sur les flancs de ces collines submergées, il nous devint possible de dresser un état des lieux provisoire, sur des données tellement sérieuses, qu'il reste peu à faire pour sa vérification.

Pour faciliter cette vérification, nous croyons devoir exposer, dans les chapitres suivants, l'ordre et la méthode suivis dans nos explorations, depuis le début de l'étude jusqu'à sa fin. Peut-être eût-il paru préférable de traiter séparément la question technique

et la question d'application. Mais comme la question d'application
finale est celle qui a inspiré l'étude, nous avons cru devoir lui
subordonner les recherches auxquelles nous nous sommes livré sur
le terrain, au milieu d'innombrables tâtonnements. C'est pourquoi
nous présentons simultanément l'étude physiologique, en vue de
son application à l'œuvre du tunnel. Nous pensons ainsi conserver
au travail un aspect plus synthétique et plus saisissable pour l'intelligence du lecteur. Il nous a semblé que ce procédé, en plaçant
successivement l'esprit du lecteur dans la situation où a dû se
trouver le nôtre, pouvait lui faciliter le moyen de redresser nos
erreurs.

DEUXIÈME PARTIE

LES MILIEUX.

—

CHAPITRE IV

Ainsi que nous l'avons fait remarquer, les idées conçues antérieurement pour la jonction de l'Angleterre, et restées, en l'absence
d'études, à l'état de bons désirs, reposent sur la donnée des sondes de la mer, cotées aux cartes marines. Ces lignes de sondages,
entreprises au point de vue de l'art nautique, mentionnent bien,
avec les cotes de profondeur, diverses natures de fonds sous-marins,
recueillies superficiellement par le suif de la sonde, ou accusées par
la lance. Elles sont désignées par ces termes généraux : *roche, pierres,
argile, gravier, coquilles, galets, vase, madrépores, tuf, sable,* etc.,
mais elles n'expriment aucunement les conditions relatives et spéciales des gisements des terrains, qui ne peuvent, en effet, être
constatées avec précision à l'aide de ces instruments.

MM. Murchison, Élie de Beaumont et Dufrénoy, dans leurs remarquables travaux géologiques sur les formations jurassiques de la
France, avaient conclu au prolongement continu de ces étages, et à

leur liaison souterraine avec les formations de même nature qui existent en Angleterre : conclusion dont l'évidence est démontrée par la concordance des falaises du Calvados et des terrains portlandiens du comté de Dorset. L'opinion de ces éminents géologues est donc le premier regard de la science sur l'intéressante question qui nous occupe, et le point de départ pour l'étude géologique du détroit, qui doit précéder toute proposition sérieuse de passage souterrain. Cette étude seule, en effet, peut nous édifier sur la nature des terrains à traverser, la présence des bancs aquifères et la portée supputable des obstacles à vaincre.

Dans ce but, nous appuyant sur l'opinion de ces trois géologues comme sur un premier jalon, nous avons adopté dès le début, pour repère général de notre étude géologique, l'étage oolithique inférieur (grande oolithe des Anglais), parce que, vu l'altitude relative et la consistance de cette roche, c'est la moins entamée des formations jurassiques, et celle dont le gisement présente, par cela même, le caractère de généralité le moins variable et le plus étendu.

CHAPITRE V

Pour l'intelligence de cette étude, nous avons dressé la carte géologique du détroit, à l'échelle de $\frac{1}{80,000}$ (Voyez Pl. II). Les cotes hydrographiques et le relief des bancs du détroit ont été établis d'après une carte manuscrite de Beautemps-Beaupré, exprimant avec une lucidité remarquable les sondes du détroit, exécutées tant par lui-même que sous ses ordres, dans la campagne hydrographique de 1835. Nous avons complété les lumières fournies par ce document, par nos observations directes sur le détroit et la terre ferme[1].

Pour faciliter l'étude des prolongements géologiques sous-marins, nous avons dressé un diagramme géologique, à l'échelle de $\frac{1}{20,000}$, suivant une droite dirigée de la ville de Marquise, dans le Boulonais, sur la pointe Eastware, en Angleterre, ligne choisie pour la direction du tunnel sur la carte annexée. Nous indiquerons successivement, dans le cours de ce travail, sur quelles données a pu être

---

[1] Nous possédons actuellement un calque de ce précieux manuscrit de Beautemps-Beaupré, existant aux archives de la marine (carton de 1835). La connaissance de ce document, dont les cartes publiées ne sont que des réductions, et celle des cahiers d'observations des hydrographes, qui ont servi à le construire, nous eussent épargné beaucoup de tâtonnements dans l'exploration du détroit. Malheureusement il ne nous a été communiqué qu'à l'époque où la Commission officielle du tunnel sous-marin a été formée pour examiner notre étude, c'est-à-dire quand notre travail était fini.

construit ce diagramme, dont le profil annexé présente la réduction au quart (voyez Pl. I). Nos dessins ont été reproduits avec le
plus grand soin par le procédé de gravure en couleur de MM. Avril
frères, qui nous a paru être le dernier état du progrès actuel dans
l'art lithochromique appliqué aux teintes plates [1].

Les angles d'inclinaison des roches à l'horizon ont été mesurés
au moyen des meilleurs clinomètres, rapportés au niveau à bulle
d'air, mais surtout avec la boussole verticale à limbe oscillant du
capitaine Burnier, construite par M. Lerebours. Cet instrument,
dont on abuse parfois, en l'employant à main franche pour les relevés de reliefs topographiques, atteint une précision remarquable,
quand il est employé sur un support fixe. Sa sensibilité est telle,
qu'elle nous a permis de mesurer des altitudes à 6,000 mètres de
distance, avec des erreurs inférieures à 60 centimètres. Nous ne
pensons pas que l'on puisse désirer de boussole plus précise pour
constater l'inclinaison des couches.

Conjointement avec le diagramme, nous avons réuni sur une
échelle géologique de 2 mètres de hauteur, dans un écrin vitré, suivant leur ordre de stratification, les extraits, au nombre de soixante-

---

[1] Le procédé de MM. Avril diffère des précédentes méthodes d'imprimerie lithochromique, en ce que ces méthodes exigeaient presque autant de tirages qu'il
y avait de teintes plates à reproduire sur une planche, ce qui en rendait l'emploi
très-dispendieux. Ce procédé, au contraire, permet de reproduire une très-
grande quantité de teintes au moyen d'un nombre de pierres très-restreint. On
en peut juger par les planches I et II annexées au présent texte, sur lesquelles
on a pu reproduire vingt-cinq teintes plates différentes, au moyen de trois couleurs mères et de trois pierres seulement. Il en résulte une grande économie qui
rend aujourd'hui possible la vulgarisation de productions scientifiques dont la
publication eût été inabordable au moyen de l'ancien procédé beaucoup trop
coûteux. On peut dire que, sous ce rapport, MM. Avril ont rendu un véritable
service à la science.

quatorze, de toutes les natures de roches qui composent le massif géologique du détroit. Le tableau géologique, Pl. III, présente le relevé de cet écrin. Ce tableau, qui ne peut suppléer à l'absence des extraits naturels, en donne la désignation et peut être utile à consulter pour la position relative des strates[1]. La première colonne à gauche indique l'ordre général des prolongements des terrains submergés, conformément au diagramme. La deuxième colonne contient les extraits naturels. Une troisième colonne indique le numéro d'ordre de ces extraits. Une quatrième donne le caractère géologique de ces roches et leur usage industriel. La cinquième offre l'épaisseur mesurée de chacune de ces assises, et la sixième colonne à droite indique les excavations et les gîtes adjacents où ces extraits ont été recueillis.

Les cotes d'inclinaison des couches à l'horizon, exprimées au diagramme géologique et citées ultérieurement, sont le résultat de moyennes générales, construites à l'aide de relevés partiels très-nombreux. L'établissement de ces moyennes, constituant l'œuvre la plus délicate de l'étude sur le terrain, n'a pas exigé un médiocre soin, par suite des variations initiales ou accidentelles constatées dans les épaisseurs et les inclinaisons. Pour atténuer le résultat de perturbations possibles dans la construction de ces moyennes, nous avons dû opérer sur un nombre d'observations très-grand, eu égard à chacun des éléments observés. De cette manière, les moyennes résultant de cette multitude de données, quoique constituant par cela même un fait théorique, atteignent la précision du fait pratique réel, et coïncident d'une manière remarquable, pour l'épaisseur et l'inclinaison, avec celles des étalons types de chacun des terrains

---

[1] L'*Écrin géologique des extraits naturels* est chez l'auteur, à la disposition des personnes qui désireraient le consulter.

indiqués dans le cours de l'étude, et d'où ont été tirés les extraits
naturels figurant à l'*Écrin géologique*.

Le dépouillement de notre cahier d'observations, où nous avons
puisé les éléments de ces moyennes, fournit seize cent deux stations
géologiques, faites sur le terrain, pour préciser le caractère des roches, constater leur épaisseur et leur inclinaison, et conduire les
couches, sur les deux rives du détroit, jusqu'aux points où ces couches se perdent dans la mer.

Pour suivre ainsi ces couches jusqu'au rivage de la mer, nous
n'avions d'abord, après des explorations sommaires dans la contrée, d'autre indice que l'allure générale des strates. Lorsque
nous eûmes concentré notre investigation sur la grande oolithe,
adopté comme repère général, cette formation, presque toujours
cachée, nous laissait souvent sans indices dans les diverses lignes
étudiées pour le passage du détroit, lignes dont nous ferons ultérieurement connaître la direction. De là la nécessité de faire de
nombreux emprunts, par des lignes de rebroussement, à droite et
à gauche des axes d'étude. Cette nécessité, qui explique le grand
nombre des stations, fut un bien, en ce que, multipliant les observations, elle fournit des indices suffisants pour atténuer les erreurs
auxquelles on est exposé en opérant sur une surface trop circonscrite. Par là se trouva beaucoup abrégé le travail subséquent pour
l'exploration des étages de Kimmeridge et de Portland.

Nous parvînmes, au moyen de ces indices, à constater que les
apparentes discordances dans les épaisseurs de ces couches pro-
venaient de deux faits généraux observés dans tous les terrains de cet
âge, mais dont l'importance est locale. En effet, sur certains points,
l'épaisseur des couches croît par-dessous, en raison des dépressions
. préexistantes sur lesquelles elles se déposèrent; elle croît ou diminue par-dessus, en raison des dénudations subies au sommet

des couches. Ce ne fut donc que par l'observation anatomique,
banc par banc, dans chaque gîte, qu'il nous fut possible d'opérer
par restauration le raccordement des étages, et de constater dans
ces terrains, malgré l'aspect disloqué du relief topographique, une
horizontalité géologique exempte de notables perturbations.

Les stations relevées à notre cahier d'observations se décompo-
sent ainsi :

804 stations sur les côtes de France.	71 sur le calcaire anthraxifère.
	95 sur le calcaire carbonifère.
	128 sur l'oolithe inférieure.
	86 sur l'oolithe moyenne.
	331 sur l'oolithe supérieure.
	28 sur les grès verts.
	65 sur la craie supérieure.
522 stations sur les côtes du Kent.	58 sur l'argile wealdienne et le terrain néocomien.
	430 sur les grès verts.
	34 sur la craie supérieure.
136 stations sur le massif submergé du détroit.	
140 stations sur les terrains jurassiques de l'Oxfordshire.	105 sur l'oolithe inférieure.
	12 sur l'oolithe moyenne.
	23 sur l'oolithe supérieure.

Total, 1,602 stations.

Indépendamment des stations faites sur les affleurements apparents, les carrières, tranchées, berges et falaises, nous avons visité
quarante-six puits dont l'exploration présentait de l'intérêt, tant
en Angleterre qu'en France.

L'examen géologique que nous allons exposer est le résumé succinct de cet ensemble d'observations.

CHAPITRE VI

Le calcaire carbonifère est le chevet géologique local sur lequel
s'appuient les formations jurassiques. Les n°² 1 à 15 de l'*Écrin*
offrent les extraits des étages des terrains anciens inclinés, sur le rivage desquels la mer jurassique a jadis déposé ses sédiments. Le
plus ancien de ces terrains, le calcaire anthraxifère de Ferques (n°² 1
et 2), s'enfonce sous le calcaire carbonifère avec une inclinaison de
42 degrés à l'horizon. Le calcaire carbonifère se relève à l'horizon,
et présente les beaux affleurements moins inclinés que l'on observe
aux carrières Napoléon, Vatel et Lunel, situées à Leulinghen, et à
la tranche du Haut-Banc, située à Elinghen. Néanmoins la pente
générale de ces couches est encore de 13 degrés à l'horizon, plongeant dans la direction nord-ouest vers la mer, sous les formations
jurassiques. Il est évident qu'en suivant cette inclinaison, ces terrains carbonifères, dans leurs prolongements, doivent s'enfoncer
profondément sous le massif de l'Angleterre, et laisser entre eux et
les sédiments oolithiques, beaucoup moins inclinés, un angle rempli,
à des profondeurs inconnues, par le lias, les marnes irisées et les
divers étages de grès intermédiaires recouvrant les terrains carbonifères, séries géologiques qui se résument en plusieurs centaines
de mètres. Pour le but proposé à notre étude, nous n'avons pas à
nous occuper de la direction ultérieure de ces terrains qui échappe
à notre observation. Nous profiterons toutefois, au point de vue

économique, de leurs riches affleurements, pour en extraire les matériaux de revêtement du tunnel projeté. Nous indiquerons ultérieurement comment ces matériaux seront fournis par les déblais que
la section du chemin de fer de Calais à Marquise devra effectuer
dans son parcours sur les roches du Haut-Banc.

CHAPITRE VII

Nous prenons pour point de départ dans cette étude, comme dans le tracé du tunnel, les terrains de la côte française qui sont les plus anciens, et sur lesquels s'appliquent successivement tous les terrains supérieurs que ce travail doit parcourir jusqu'à sa limite sur la côte d'Angleterre.

Le terrain oolithique affleurant sur la rive française du détroit contient les trois étages distincts de cette formation.

L'étage inférieur (grande oolithe, oolithe blanche), est composé de dix assises caractérisées. Sa base repose sur une couche de sable ferrugineux supra-liassique, représentant local de l'oolithe ferrugineuse (n° 16). Ce sable est recouvert lui-même d'un lit d'argile à lignites (n° 17), qui est la terre à foulon (*fuller's earth*) des Anglais. Ces deux bancs sont la ligne de démarcation géologique séparant l'étage oolithique de l'étage du lias qui le supporte. Mais au niveau où nous constatons cette démarcation, aux environs de Marquise, l'étage du lias manque, sans doute vu le voisinage et l'élévation locale des calcaires anciens inclinés sur lesquels s'appuient les dépôts du lias que l'on retrouve plus bas, à mesure que l'on s'éloigne de la limite apparente de ces terrains inclinés (Voir le diagramme). Il résulte de cette disposition qu'à son gisement de Leulinghen, près Marquise, la grande oolithe reposerait sur le calcaire carbonifère, s'il n'en était séparé par les deux faibles assises de

sable et d'argile supra-liassiques (n° 16 et 17), dont.la puissance
réunie atteint à peine 0^m,70.

Au-dessus de ces deux lignes séparatives s'élève l'étage de la
grande oolithe proprement dite, composé de dix bancs calcaires de
nature identique, mais de consistance et de structure diverses, désignés, du n° 18 au n° 27, suivant leur ordre de superposition dans
l'*Écrin géologique* contenant ces extraits. Cet étage oolithique est
ici, comme dans les nombreuses contrées où il affleure, exploité en
pierres de taille. La puissance de ces assises réunies figure à l'*Écrin
géologique* pour 19^m,90, soit 20 mètres. Les extraits proviennent
des gisements de Marquise [1].

[1] Voici l'ordre de superposition des dix bancs de la grande oolithe, constatés et
mesurés au territoire de Marquise, et désignés par leur nom local de carrière :

	Épaisseur.	Destination.
Calcaire noduleux, sommet du système.	2^m,00	chaux grasse.
Banc de roche	0 70	moellons.
Banc pouliné.	0 50	pierre de taillé.
Banc roux.	1 50	pierre de taille.
Banc du diable.	0 75	pierre de taille.
Gros banc.	0 90	pierre de taille.
Banc plaquettes.	0 50	moellons.
Banc macarné.	0 30	moellons.
Gros grain.	8 90	pierre de taille.
Banc marneux du fond.	4 00	marnage des terres.
Épaisseur totale.	19^m,90	

CHAPITRE VIII

L'étage oolithique moyen comprend deux sous-étages ou systèmes : le système *oxfordien* et le système *corallien*.

Le système inférieur (*Oxford-clay*) consiste en une assise d'argile grise fissile (n° **28**), de 15^m,25 de puissance. Dans cette couche sont subordonnés deux bancs de calcaire oolithique argileux (n^{os} **29** et **30**) dont l'épaisseur réunie est de **2** mètres. Le système se termine par un banc de calcaire oolithique siliceux de 1^m,50 d'épaisseur.

Les extraits de ces roches proviennent des carrières de Baincthun, près Boulogne.

Le système corallien est représenté par trois bancs distincts d'oolithe (n^{os} **31**, **32** et **33**), que nous désignons à l'*Écrin* sous les noms de calcaire oolithique quartzeux glauconien, tabulaire et argileux. Les extraits de ces roches proviennent des carrières de Baincthun.

L'étage oolithique moyen, composé de ces deux systèmes, a une puissance totale de **22**^{m},50.

CHAPITRE IX

L'étage oolithique supérieur se compose aussi de deux groupes
ou systèmes (kimméridien et portlandien).

Le système kimméridien, qui occupe la base, est surtout remarquable par le prodigieux dépôt d'argile de Kimmeridge (n° 34),
constituant son assise inférieure; ce dépôt a, sur le point qui nous
intéresse, une puissance de $51^m,65$. Le reste du système se compose de six bancs de roches distincts et subordonnés (n°ˢ 35, 38, 39,
40, 41 et 42), dont la plupart sont des calcaires argileux propres à
la chaux hydraulique, des calcaires siliceux passant au grès, des
marnolites, et des grès oolithiques et coquilliers, colorés en vert
par l'oxyde de fer diffus, et que leur texture oolithique et leur gise·
ment font distinguer parfaitement des grès verts de l'étage crétacé,
avec lesquels plusieurs géologues les ont confondus. Les extraits
de ces roches proviennent des falaises du cap Grinez.

Le système portlandien, zone la plus élevée de l'étage oolithique
supérieur, termine enfin la série des sédiments jurassiques. Il figure
à l'*Écrin géologique* par quatre extraits des quatre assises qui le
composent (n°ˢ 43, 44, 45 et 46). Les trois assises n°ˢ 44, 45 et 46
sont des grès oolithiques caractérisés. La plus basse de toutes,
dite *banc bleu* (n° 44), a 3 mètres d'épaisseur, et est exploitée en
pavés pour la ville de Boulogne. L'intermédiaire, dite *banc griset*
(n° 45), n'a que $1^m,20$ d'épaisseur. Les extraits de ces assises pro-

viennent du mont Lambert près Boulogne, et en caractérisent la formation. Ils sont recouverts par le *banc roux* (n° 46), emballé lui-même dans le sable ferrugineux portlandien (n° 51), qui le recouvre entièrement d'une couche de plusieurs mètres. Les types de ces quatre assises, constituant sur ce point l'étage de Portland, existent au mont Lambert; mais les quatre extraits équivalents et identiques, qui figurent à l'*Écrin géologique* (n°ˢ 47, 48, 49 et 50), ont été arrachés aux collines sous-marines des bancs de *Colbart* et de *Varne*. On verra bientôt de quelle importance a été le rapprochement de ces équivalents, comme points de repère pour la construction du diagramme des formations sous-marines.

L'épaisseur totale de l'étage oolithique supérieur est de **72** mètres à notre *Écrin géologique*.

CHAPITRE X

TERRAINS CRÉTACÉS. — ARGILES WEALDIENNES. — GRÈS VERTS. —
GRÈS VERTS ARGILEUX. — CRAIE BLANCHE.

Immédiatement au-dessus des trois étages oolithiques que nous venons de décrire se superpose la grande formation du terrain crétacé. Cet étage géologique manque et a disparu par dénudation sur la côte française, dans la ligne de notre diagramme. Nous le retrouvons dans son ordre de stratification sur la côte d'Angleterre, où il forme le massif apparent du comté de Kent.

La formation néocomienne, base du terrain crétacé inférieur, qui atteint jusqu'à 200 et 300 mètres d'épaisseur dans le Sussex, perd de sa puissance dans le voisinage du détroit. Le système local du calcaire de Purbeck, qui, dans le Sussex, a 75 mètres d'épaisseur, manque ici complétement. Le système puissant du Hastings-sand (125 mètres) y manque également. De sorte que la formation néocomienne se réduit, sous la plage de Hythe, à la seule couche d'argile wealdienne, alternant avec quelques veines sableuses, et dont l'épaisseur totale atteint à peine 32 mètres. L'extrait d'argile wealdienne, figurant à l'*Écrin* (n° 52), provient de la tranchée du Military-Canal, qui passe sur cette formation près de West-Hythe. On la trouve en creusant les puits qui environnent la petite ville de Hythe et au pied de ses coteaux, où elle disparaît sous les grès verts.

Le système de craie glauconieuse, les *grès verts*, dont l'épaisseur s'élève parfois sur le continent jusqu'à 200 mètres, n'en contient guère que 66 aux environs de Folkstone. Il se subdivise en quatre groupes distincts, dont l'ensemble, ajouté à l'argile wealdienne, constitue dans son entier sur ce point l'étage crétacé inférieur.

La grande perméabilité de plusieurs assises meubles de cet étage étant le principal obstacle entrevu dans le percement du massif submergé, il ne paraîtra peut-être pas hors d'intérêt de décrire en détail sa structure géologique locale. Dans ce but, nous diviserons en quatre groupes distincts l'étage des grès verts.

PREMIER GROUPE. — Grès verts inférieurs.

Le groupe des *grès verts inférieurs* consiste en cinq bancs principaux de grès quartzeux et coquillier (n°s 53, 54, 55, 56, 57). Dans les couches de ce groupe apparaissent les premières traces de glauconie (chlorite), noms donnés communément au silicate de fer. La présence de cette substance dans la texture de ces grès est le caractère général le plus apparent de cette formation, et lui communique cette couleur verte parfois si accentuée (n° 63), qui lui a valu le nom de *grès verts*.

Les deux bancs inférieurs (n°s 53 et 54), formant la base de ce groupe, sont des grès à texture serrée, exempts de glauconie. Ils occupent le pied du Shorn-Cliff, entre Hythe et Sandgate.

Les deux bancs de grès (n°s 55 et 56) qui leur sont superposés se distinguent par une quantité notable de glauconie, la présence de l'ostrea carinata et un grand nombre d'inocérames concentriques. Les extraits recueillis proviennent des coteaux de Saltwood, où s'exploite le n° 55 en pavés et pierres à bâtir. Le cinquième et dernier banc (n° 57) est un grès blanchâtre, à grain serré et à ciment calcaire, formé de plusieurs lits superposés dont l'épaisseur surpasse celle des quatre autres bancs inférieurs. Il présente distinctement ses coupes dans les berges de Lympne. L'ensemble de ce groupe a une épaisseur de 12 mètres et supporte le palier du tunnel de Saltwood. Il forme le rideau de collines qui abrite au nord la petite ville de Hythe. A partir de ce point on peut le suivre, au moyen de repères fournis par des éboulis, jusqu'à la plage de Sandgate, où ce système disparaît suivant une inclinaison de 0°,22′ sous les grès verts moyens.

DEUXIÈME GROUPE. — *Grès verts moyens.*

On voit apparaître le groupe des *grès verts moyens*, à mi-côte, dans les collines de Lympne. Il forme le pied des falaises de la pointe Mill, entre Sandgate et Folkstone, où il disparaît sous la plage. Il se compose en grande partie de dépôts argileux alternant avec des couches de sable d'une grande ténuité, passant successivement de l'état solide à l'état pulvérulent. Les couches de ce groupe, au nombre de quatre (n°ˢ 58, 59, 60 et 61), se distinguent par l'absence de bancs pierreux.

La couche formant la base de ce groupe est une argile glauconieuse (n° 58), contenant des nodules siliceux faiblement conglomérés.

Le deuxième banc (n° 59) est un sable entièrement pulvérulent, coloré par le silicate de fer.

Le troisième banc (n° 60) est un dépôt d'argile grise compacte, épais de 7 mètres, exploité pour briques, *brick earth Gault*, dénomination partitive adoptée par plusieurs géologues pour désigner toute la formation de cet étage crétacé.

Le quatrième banc (nᵘ 61) est un sable très-fin, passant à l'argile, consolidé en cohérence faible, mais suffisante pour se maintenir en berges verticales dans les coteaux et falaises. Il occupe le sommet du groupe des *grès verts moyens*, à la pointe Mill, entre Folkstone et Sandgate. A part la couche argileuse du *Gault*, les autres assises de ce groupe sont perméables à l'eau. Nous aurons, dans le chapitre XIV, qui traite de l'état des lieux sous-marins, à signaler ultérieurement les effets de cette propriété aquifère et à mentionner le résultat de nos observations locales durant une année.

Le groupe des grès verts moyens a une épaisseur de 14 mètres.

TROISIÈME GROUPE. — *Grès verts supérieurs.*

Le groupe des *grès verts supérieurs* présente sa coupe intégrale dans les falaises de Folkstone, à Cape-Point. Il consiste en dix bancs (nᵒˢ 62 à 71), dont plusieurs s'exploitent en pierres de taille à Folkstone, et dont quelques-uns sont fortement colorés en vert par la glauconie. Les bancs inférieurs de ce groupe (nᵒ 62, 63 et 64) sont des grès à texture grenue saccharoïde très-serrée. Leur épaisseur varie de 1 mètre à 1ᵐ,20. Ils sont séparés entre eux par des lits de sable vert chlorité (nᵒ 65). Les intervalles des roches occupés par ces sables varient entre eux depuis 0ᵐ,05 jusqu'à 0ᵐ,80.

La dixième couche du groupe (nᵒ 71) paraît terminer les dépôts de grès. C'est un lit de *sable quartzeux glauconifère* à gros grains. Cette couche arénacée est dépourvue de tout ciment, en sorte qu'elle est complétement meuble et comparable à un filtre. C'est de ce lit sableux que l'eau souterraine a jailli au puits de Grenelle, dès que la sonde eut traversé les marnes inférieures de la craie. Nous aurons également à examiner ce dépôt au chapitre XIV, qui traite des gisements aquifères du massif submergé.

L'épaisseur moyenne des grès verts supérieurs est de 22 mètres.

QUATRIÈME GROUPE. — *Argile de Folkstone. Chalk-marl.*

Le groupe supérieur des grès verts est recouvert d'un assez important dépôt argileux (n° 72), qui constitue le quatrième groupe du système, et forme la ligne séparative entre l'étage crétacé inférieur (grès verts) et l'étage crétacé supérieur (craie blanche). Son épaisseur a 10 mètres. C'est l'argile de Folkstone, appelée par quelques géologues : **marne crayeuse, chalk-marl.**

Cette argile occupe le flanc des coteaux de Folkstone. Elle s'abaisse à l'est de cette ville jusqu'au niveau de la mer à Cape-Point. Elle forme le talus des falaises éboulées qui entourent le cirque de l'Eastware-Bay. Elle disparaît sous la craie du mont Abbot, à la petite échancrure de Kettle-Net-Valley.

Tels sont l'ordre de superposition et le degré de puissance des assises dans l'étage des grès verts, divisé en quatre groupes pour en faciliter l'étude. Nos observations locales se rapportent aux strates situées depuis les collines de Saltwood jusqu'à l'axe du détroit, où la falaise du mont Abbot recouvre cet étage d'une couche de craie blanche, haute de plus de 160 mètres. L'inclinaison générale de ces assises est de 0°,20′ N.-O. Il ne faut pas confondre cette inclinaison, mesurée dans le sens de la direction des couches, avec l'inclinaison beaucoup moindre de ces couches aux sections apparentes des falaises dont la ligne est oblique à l'allure générale des strates.

Si les épaisseurs de ces assises par nous constatées ne sont pas entièrement conformes aux indications du savant docteur Fitton, qui a publié, sur les terrains de cette contrée, un traité remarquable, c'est que le travail de ce géologue repose sur des observations faites dans le comté de Sussex et jusqu'à l'ouest de Folkstone, point où se termine son examen et où commence le nôtre. Or, la puissance de ces assises s'affaiblit graduellement dans la direction de l'ouest à l'est. Cette circonstance explique pourquoi la coupe géologique de notre diagramme accuse des épaisseurs sensiblement moindres que celles indiquées par le docteur Fitton. Par le même motif, on devrait s'attendre à ce qu'un puits de vérification, foncé à la pointe Eastware, constatât pour cette coupe des épaisseurs moindres encore que celles cotées à notre diagramme, qui passe par le point extrême de nos observations.

S'il nous est déjà possible de constater une diminution d'épaisseur dans l'étage des grès verts, à mesure qu'on se rapproche des limites de ce dépôt, nous sommes autorisés aussi à penser, par induction, que le terrain jurassique, par la même cause, doit augmenter en puissance à mesure qu'on s'éloigne de ses affleurements du Boulonais, et qu'on se rapproche du centre du dépôt qui est en Angleterre. Il y a donc toute probabilité pour que cette puissance soit plus grande sous la côte d'Angleterre que celle exprimée par notre diagramme.

Le système de craie glauconieuse, dit étage des grès verts, qui se termine par les marnes de la craie, supporte lui-même le système crétacé supérieur, terme le plus élevé de la série géologique locale qui nous intéresse. Ce système crétacé supérieur consiste en une épaisse assise de craie blanche qui s'émerge au sud-est de l'Angleterre, et forme les hautes falaises du comté de Kent.

Cet étage est représenté, à l'*Écrin géologique*, par les nᵒˢ 73 et 74, qui proviennent du mont Abbot, à la pointe Eastware, entre Folkstone et Douvres, où l'étage entier est apparent à la basse mer. Les assises inférieures sont des agrégats très-consistants (nᵒ 73). Les blocs de texture serrée qui s'en détachent et sont épars sur la plage, dans la zone de marée, résistent parfaitement au déferlement de la lame. A mesure que l'étage s'élève, la craie perd de sa consistance, elle devient plus blanche et plus traçante (nᵒ 74). C'est *la craie graphique*, analogue à celle de Meudon, sa congénère, et, comme elle, caractérisée par la présence d'ananchytes ovales et de bélemnites, et surtout par un nombre considérable de concrétions siliceuses amorphes. La chute de ces corps siliceux, jointe à leur brassement dû à l'agitation incessante des lames, engendre ces plages de galets, résidus des falaises crétacées adjacentes.

La hauteur totale de la craie blanche sur ce point dépasse 160 mètres.

CHAPITRE XI

Reprenant, à la droite du diagramme, l'étage oolithique inférieur que nous avons choisi comme repère dans la série géologique à étudier, nous trouvons cette roche (grande oolithe) en affleurement par son sommet sur le calcaire carbonifère de Napoléon, Vatel et Lunel, à 2 kilomètres de Marquise. Si l'on suit les excavations de ces plateaux, en s'éloignant de ces carrières, on voit successivement apparaître les assises inférieures qui s'additionnent en dessous en se rapprochant de Marquise, point où l'étage de la grande oolithe a atteint 20 mètres et paraît complet, sous une inclinaison de $0°,30'$, qui équivaut à $0^m,007 \frac{1}{2}$ par mètre, versant à la mer.

A partir de ce point, on le voit encore apparaître aux collines de Bazinghen, où il se cache sous les deux formations jurassiques supérieures qu'il supporte, et disparaître en plongeant avec tout le système sous la mer, au cap Grinez, pour s'enfoncer sous le massif de l'Angleterre. Nous ne retrouvons plus la grande oolithe sur la côte de Kent, où les formations crétacées qui le recouvrent sont seules apparentes. En effet, les sédiments jurassiques dans cette

partie de l'Europe, comme sur presque tous les points du globe où
ils ont été observés, décrivent sous l'horizon une courbe concave
très-sensible, attribuée à des flexions de l'écorce terrestre, postérieures à ces dépôts; ces dépressions des terrains jurassiques paraissent dues à des affaissements de l'écorce consolidée, sur les vides
produits à l'intérieur du sphéroïde par le départ d'épanchements
du plus vieil âge. Car elles étaient déjà comblées par les immenses
dépôts des terrains crétacés, lors des grands épanchements grani-
tiques qui ont causé les dernières dislocations du sol et donné à la
planète son relief actuel. Il est donc nécessaire de se transporter un
instant au centre même de l'Angleterre, pour y retrouver les affleurements opposés des dépôts oolithiques, en étudier les inclinaisons,
et déduire de ces observations la loi générale qui préside à la direction souterraine de ces sédiments.

Le meilleur point de départ pour cette observation est Warwick,
ville située sur l'Avon. Le lit de cette rivière repose sur les marnes
irisées, étage remarquable qui sépare les terrains de transition des
formations liassiques.

De Warwick à Bambury, on marche sur l'étage du lias, dont les
marnes supérieures s'étendent jusqu'à Deddington, point où l'on
ressaisit enfin l'oolithe inférieure, adoptée comme repère.

En suivant une ligne d'exploration de ce point jusqu'à Abingdon,
passant par Oxford, on marche pendant trois jours sur les trois
étages oolithiques, dont on perd successivement de vue les couches
inférieures, à mesure qu'elles plongent en s'imbriquant sous les
assises supérieures. Ces strates présentent, à leurs points d'application, des biseaux beaucoup plus aigus que leurs congénères du
Boulonais; leur inclinaison moyenne à l'horizon n'est que de
$0°,12'$ S.-E., ce qui correspond à $0^m,003$ par mètre.

Le premier jour, on traverse la zone occupée par la grande oolithe,

parfaitement caractérisée, en bancs analogues à celle de Marquise,
et qui disparaît aux environs de Woodstock. Partant le second jour
de Woodstock, on traverse le système oxfordien, auquel la ville
d'Oxford, qui en occupe le centre, a donné son nom, et qui forme
la base de l'étage oolithique moyen. En quittant Oxford, et à 4 kilomètres de cette ville, on rencontre les roches du système corallien
(*Coral-rag*), qui disparaissent à Abingdon, où elles s'enfoncent sous
le terrain oolithique supérieur. En partant d'Abingdon, le troisième
jour, on voit le troisième étage oolithique disparaître bientôt
sous les terrains crétacés, et on a parcouru ainsi la série géologique objet de notre étude. Chose remarquable, c'est que cette ligne
d'affleurements oolithiques, à partir de Deddington jusqu'au point
de rencontre des terrains crétacés, au S.-E. d'Abingdon, a un développement de 40 kilomètres environ, distance à peu près égale à
celle que présente la ligne correspondante de ces affleurements sur
notre diagramme, depuis Marquise jusqu'au point de rencontre
des grès verts, indiqué sous la mer devant la pointe Eastware.

L'intervalle de 160 kilomètres existant entre les deux points opposés où les terrains jurassiques disparaissent sous les grès verts,
tant à Abingdon qu'à Folkstone, est recouvert par les terrains crétacés qui forment le sol apparent du sud-est de l'Angleterre. Ces
terrains crétacés supportent eux-mêmes l'important système des
terrains dits tertiaires, composés en grande partie d'argile plastique
et d'argile de Londres (*London-Clay*), sur lesquels est assise la capitale de l'Angleterre.

Cette épaisse formation crétacée, qui repose comme une lentille
sur la cuvette oolithique qu'elle nous voile entièrement, ne saurait
nous empêcher absolument de raccorder, par un diagramme théorique, le prolongement souterrain des formations oolithiques dont
nous possédons la direction et l'inclinaison initiales à ses deux

affleurements. Dans le Middlesex, le Surrey et le Kent, divers forages ont percé la craie supérieure, et se sont arrêtés aux grès verts,
à des profondeurs variant de 140 à 150 mètres au-dessous de la
mer. La puissance des grès verts étant d'une centaine de mètres, on
rencontrerait donc l'oolithe supérieure (portlandienne) entre 240
et 250 mètres sous le Surrey. Si l'on ajoute à ce chiffre l'épaisseur
moyenne des deux étages oolithiques supérieurs, qui est ensemble
aussi de 100 mètres environ, on devrait atteindre la grande oolithe
entre 340 et 350 mètres environ sous le comté de Surrey, à 100 kilomètres de son affleurement dans l'Oxfordshire. Ce niveau s'ac-
corde assez avec celui que l'on obtient par le prolongement d'une
pente de 3 millièmes mesurée dans l'Oxfordshire, et qui, sur un
parcours de 100 à 120 kilomètres, pour atteindre le centre du
Surrey, descendrait environ à 350 mètres de profondeur.

Mais il nous était impossible de raccorder cette donnée avec la
pente beaucoup plus considérable que nous fournit l'inclinaison
de l'oolithe sur la côte de France, puisque cette pente, de Marquise
à Bazinghen, est de 7 millièmes et demi, et que son prolongement
continu arrivait à cette même profondeur de 350 mètres, avant
même d'avoir atteint la côte d'Angleterre. Il fallait donc admettre
que cette pente, observée sur le continent, n'était que l'origine de
l'affaissement jurassique produit sans doute par suite du soulèvement relatif des terrains anciens sur lesquels l'oolithe s'appuie, et
qu'en se développant, cette ligne oolithique se brisait par une
courbure et se rapprochait ainsi de l'horizontalité par un ressaut,
pour se raccorder sous le massif de l'Angleterre avec l'inclinaison
beaucoup plus douce descendant de l'Oxfordshire. Vers quel point
cette ligne éprouvait-elle cette courbure? Cette courbure était-elle
due à un simple ressaut ou à un grand déchirement géologique
local? C'est ce qui échappait à toutes les conjectures. De la diver-

gence de ces deux droites on pouvait inférer l'existence d'une grande faille dans l'écorce terrestre, survenue à l'époque des dernières dislocations du sol. La dépression profonde du thalweg, au canal du plus grand brassiage, autorisait cette hypothèse. Le détroit lui-même pouvait être l'orifice de cette faille où se serait logée la Manche, et à travers laquelle il ne semblait pas possible de proposer le percement d'un tunnel. Durant cette période de notre travail, les doutes semblaient s'accumuler à chaque pas. C'est pendant ces incertitudes et en présence de la difficulté que nous éprouvions d'acquérir la notion nette des formations submergées, que se fit dans notre étude l'évolution qui donna lieu à la conception de l'isthme de Douvres.

Tel était donc l'état obscur de notre recherche, lorsqu'un repère inattendu vint jeter dans cette étude un aperçu lumineux.

CHAPITRE XII

Il existe, au milieu du détroit, deux bancs sous-marins parallèles, connus des pêcheurs sous les noms de *Colbart* et de *Varne*, dépendant du système de la Manche, et dont les sommets ne sont, par places, qu'à 2 mètres de profondeur à la basse mer, au point de produire des rides apparentes à sa surface. Ces bancs, parallèles aux courants alternatifs, dans la région desquels ils se trouvent, paraissent devoir leur origine à l'érosion causée par ces courants. On pourrait les nommer *bancs d'érosion*, pour exprimer que leur relief résulte des affouillements produits dans leur périmètre par dénudation. C'est en quoi ils diffèrent notablement des bancs voisins du littoral ou *bancs d'atterrissement*, qui s'alimentent, par voie de remblai, des troubles arrachés aux rivages par les courants transversaux de marée baissante, perpendiculaires à ces bancs[1].

[1] Voyez, à l'Appendice, la Note 3, *Origine des bancs du détroit. Formation de la bassure de Baas, etc.*, par M. Keller, membre de la Commission du tunnel sous-marin.

Le Varne est celui des deux qui avance le plus sa pointe à l'est, par
le travers du détroit. Sa cime divise, sur la ligne de notre tracé, le
bassin du détroit en deux sous-bassins, dont l'un, voisin de l'Angleterre, n'a pas 30 mètres de profondeur maxima, et dont l'autre,
voisin de la France, atteint une profondeur double à son thalweg
(57 mètres). (Voyez le diagramme, Pl. I, *fig.* 1 et 2). Le plateau du
Varne se relie au fond de la mer par des accores assez roides où
les poissons s'abritent selon le vent. Le Colbart, dit *Ridge-Bank*,
a au contraire des accores plus douces et est par cela même préféré
par les pêcheurs, qui en connaissent le relief aussi bien qu'un ber-
ger connaît les collines de son parcours. En vérifiant avec des pêcheurs les sondages de ces bancs, aux heures d'étale de jusant, il
nous a été possible de détacher des fragments des grès portlandiens qui affleurent sur les accores de ces plateaux sous-marins [1].
Grande fut notre surprise quand il devint possible de comparer
ces extraits (n°s 47, 48, 49 et 50 de l'*Écrin géologique*) à leurs congénères identiques du *banc roux* et du *banc griset*, dernières assises des
roches portlandiennes situées au sommet du mont Lambert, près
Boulogne.

L'identité de ces épigénies étant constatée, ces bancs sous-marins,
attribués jusqu'à présent à des dépôts d'ensablements récents et
actuels, nous apparurent dès lors ce qu'ils sont réellement, les crêtes
de collines du système portlandien occupant, comme le mont Lambert, le sommet de l'étage jurassique supérieur, et formant le prolongement submergé de ces terrains vers le Kent, sous le massif
duquel ils se continuent. Le grès portlandien dont nous avons dé-
taché des extraits, en cinq endroits différents, à 8 mètres de profon-

---

[1] Voyez à l'Appendice la note 1, *Détails sur l'exploration du banc de Varne.*
(Lettre de l'auteur à M. Keller.)

deur sous l'étiage, tant sur le Varne que sur le Colbart, étant le même que celui des assises exploitées au mont Lambert sous les noms de *banc griset* et de *banc roux* (n°s 45 et 46 de l'*Écrin*); le sable (n° 51) qui sert d'emballage à ces roches et les recouvre, étant identique au sable portlandien qui emballe et recouvre le *banc roux* du mont Lambert, il devint possible d'estimer à quel niveau inférieur on peut rencontrer la grande oolithe sur ce point. En ajoutant au-dessous de ce grès portlandien du *banc roux* la puissance connue des étages oolithiques moyen et supérieur qui le supportent, environ 125 mètres, et 8 mètres pour l'épaisseur de la mer, on est autorisé à estimer que le prolongement de la grande oolithe passe à une profondeur de 130 à 140 mètres environ, sous l'étiage, dans la région du banc de Varne.

Ce repère nous permit immédiatement de rejeter la courbure oolithique dont nous avions pressenti l'existence, à un point peu éloigné du cap Grinez, en avant ou en arrière de ce promontoire, point où une ligne remontant du Varne par une rampe adoucie se confondrait avec la sécante qui descend de Bazinghen par une pente de 7 millièmes et demi. Le prolongement de la ligne oolithique passant sous le Varne, avec cette pente ainsi modifiée, arrive sous la pointe Eastware à une profondeur de 200 mètres. De là, en suivant la même inclinaison, elle se raccorde facilement avec la contrepente descendue d'Oxford vers le thalweg théorique du Surrey, à la profondeur indiquée d'environ 350 mètres.

Il devint dès lors évident que la dépression de la Manche, dans la région du détroit, n'était pas due à une faille, mais bien *à un simple phénomène de dénudation* dont nous indiquerons l'origine et l'action dans le chapitre XIV, qui traite de l'état des lieux sous-marins.

C'est d'après ces données, et les mesurages individuels réduits en termes moyens, de chacun des soixante-six bancs de roches cotés à l'*Écrin géologique* (n°ˢ 9 à 74), mesurage vérifié à toutes les excavations où il nous a été possible de pénétrer, tant en France qu'en Angleterre, que nous avons dressé le diagramme du sol sous-marin annexé à ce mémoire. Nous ne nous flattons pas d'avoir pu, avec les moyens d'investigation sans doute insuffisants dont nous disposions, donner un profil rigoureusement exact de ce sol voilé par la mer. Des puits de vérification, foncés sur l'axe de la ligne par nous étudiée, pour compléter définitivement notre état des lieux, pourront seuls rectifier les erreurs inévitables que nous avons dû commettre dans ce tracé. Mais la loi générale qui coordonne son ensemble est incontestable, et nous suffit, quant à présent, pour lancer l'avant-projet d'un tunnel sous-marin à travers ce diagramme.

Il est bon de remarquer que la ligne d'étiage de basse mer, à laquelle nous avons rattaché les coordonnées du diagramme, n'est pas, comme on pourrait le croire, soumise à un niveau absolu. Cette ligne est plus élevée sur la côte de France que sur la côte d'Angleterre. Pendant notre étude de l'isthme de Douvres, toutes les fois que, de Douvres, nous avons voulu jeter à la surface de la mer une parallèle à l'horizon, suivant deux niveaux d'eau à bulle d'air, vérifiés par le fil-à-plomb, dans la direction de Grinez, même avec un emprunt en contre-haut de 1ᵐ,50, cette ligne s'est perdue dans la mer. Du côté de Grinez, au contraire, une semblable parallèle, projetée avec un simple emprunt de 1ᵐ,10, mirait constamment la falaise d'Angleterre, dont le pied se voit distinctement dans les journées de ciel calme qui précèdent une nuit orageuse. D'où il est évident que la surface de la mer est surélevée à la côte de France, ou déprimée à celle d'Angleterre. Cette dénivellation que nous avons reconnu exister, même en basse mer de beau temps, s'augmente à la pleine mer de l'excès de la hauteur de la marée de la côte de France sur celle de la côte d'Angleterre. Enfin elle nous a paru également augmenter avec la grandeur de la marée. Sa cause probable paraît résider dans une accumulation des gains de flot dans le détroit, plus grande sur la côte de France que sur la côte d'Angleterre [1]. Il sera donc indis-

[1] L'auteur de l'*Exposé du régime des courants de la Manche et de la mer d'Allemagne*, M. Keller, ingénieur hydrographe de la marine, nous a adressé, sur notre demande, après lecture de notre travail, une lettre explicative de ces gains de flot, lettre dont il nous semble utile de citer l'extrait suivant :

« L'excès de parcours du flot sur celui du jusant est attesté par le déplace-
« ment dans le sens du flot subi par les navires en temps de calme, d'après
« Dulogne (1775) et Le Cordier (1784); par le trajet des corps flottants, des fucus,
« des épaves, des bouteilles recueillies sur les rivages; d'où l'on avait conclu
« l'existence d'un courant général dirigé dans le sens du flot (Bravais, *Patria*,
« p. 139); par la marche des galets sur les plages de Normandie (Lamblardie),
« et des sables sur la côte de Picardie. Tous ces faits résultent naturellement de
« ce que l'impulsion du courant de flot se trouve prolongée, et celle du cou-
« rant de jusant raccourcie par le déplacement des étales de ces courants dans
« le sens du flot.

« En effet les particules liquides, entraînées par le flot vers une région où ce
« courant commence et cesse plus tard, le perçoivent d'autant plus longtemps
« qu'elles font plus de chemin avec lui ou qu'il est plus fort; car elles fuient
« devant l'étale qui doit amener la fin du flot, tandis que lorsqu'elles subissent
« l'impulsion du jusant, elles vont au-devant de l'étale de ce courant, dont la
« durée se trouve, par cela même, diminuée en raison du chemin fait par les
« particules.

« L'allongement du flot et le raccourcissement du jusant déterminent donc une
« inégalité dans le parcours des particules liquides, et il y a, à chaque marée, plus
« d'eau amenée par le flot qu'il ne s'en écoule par le jusant. De là les gains de
« flot croissant avec les marées, et, par suite, plus forts sur la côte de France,
« où les marées sont plus fortes, que sur la côte d'Angleterre où elles sont plus
« faibles. De là une plus grande accumulation des eaux sur la côte de France
« dans le détroit, analogue à la dénivellation que vous avez observée et qui
« serait en effet plus faible de morte eau que de vive eau.

« Le courant produit sur la pente nord de cette dénivellation expliquerait
« comment, dans certaines circonstances, au dire des pêcheurs, le courant de

pensable, en préludant à l'étude définitive, de fixer sur les deux côtes et au banc du Varne les trois repères d'un niveau absolu, indépendant de la ligne d'étiage.

« jusant se trouve supprimé à la surface, dans le voisinage du cap Grinez, où
« le courant de flot se prolonge quelquefois pendant deux marées, et l'on
« comprend que si le détroit de Calais était aussi resserré que celui de Gibraltar,
« on y observerait également un courant continu. Le courant continu du dé-
« troit de Gibraltar pourrait donc bien aussi être produit par une dénivellation
« locale causée et entretenue par les gains de flot des marées de ce détroit.

« Vous voyez, monsieur, que la dénivellation, que vous avez directement
« observée dans le détroit de Calais, acquiert une grande portée par les faits
« analogues auxquels elle se rattache.

« J'ai l'honneur, etc.

« KELLER. »

TROISIÈME PARTIE

LE TRACÉ.

—

CHAPITRE XIII

Six directions distinctes, groupées en trois systèmes, pour le tracé du tunnel, ont été l'objet de notre étude :

Dans le système de la Manche :

Ligne de Boulogne au cap Dungeness.
Ligne du cap Grinez au cap Dungeness.

Dans le système de la mer d'Allemagne :

Ligne de Calais à Ness-Corner (*South-Foreland*).
Ligne du cap Blanc-nez à Ness-Corner.

Dans l'axe du détroit :

Ligne de Grinez à Douvres (pour l'isthme).
Ligne de Grinez à Eastware (pour le tunnel).

Les lignes de la Manche, dirigées sur Dungeness, rencontrent sous la mer, bien avant d'atteindre ce point, une continuité de terrains d'alluvion récente, et un énorme dépôt de terrain arénacé (Hastings-sand) qui sont un obstacle grave au percement d'un tunnel. On peut surmonter de grandes difficultés dans une formation ancienne dont le sol serait inconsistant, quand ce sol gît par la base et par le sommet entre des terrains solides. Mais on franchit moins facilement une alluvion continue, soit qu'elle présente des nappes vaseuses ou des terrains arénacés lavés par la mer et dépourvus de cette consistance que les dépôts n'acquièrent, à part leur texture chimique, que sous la commune action du temps et d'une pression considérable. Dans cette condition doublement fâcheuse, on s'exposerait à cheminer par des terrains ébouleux de leur nature et d'une perméabilité intarissable. C'est par ce motif que nous avons renoncé aux lignes de la Manche aboutissant au cap Dungeness. Les lignes de la mer d'Allemagne, soudées à la plage de Calais à Sandgate, ont été abandonnées pour la même cause.

La ligne du cap Blanc-Nez à Ness-Corner-Point (South-Foreland), avait pour objet la recherche d'un passage dans un banc continu de craie. La grande puissance de cet étage crayeux, émergé dans cette direction sur les deux côtes de France et d'Angleterre, semblait promettre sa continuité sous la mer. Mais par la raison même que cette assise existe là, si haut sortie au-dessus de l'étiage, elle n'a que peu de profondeur en contre-bas. Le diagramme géologique n° 5, qui donne le profil de cette formation particulière, démontre

Tracé des différentes lignes étudiées pour l'Avant Projet de Tunnel sous-marin
entre l'Angleterre et la France, par Mᵉ A. THOMÉ DE GAMOND.

que la craie, au point où elle s'étend le plus sous la mer, entre les deux promontoires de Blanc-Nez et de South-Foreland, a été enlevée par dénudation, avec les terrains qui la supportaient, et manque complétement sur un espace de 16 kilomètres au fond du détroit.

Ces divers motifs, à part toute considération de distance, ont concentré notre étude sur l'axe même du détroit. Les dénudations de ce canal, préservées de tout atterrissement moderne par les courants alternatifs des deux mers, qui n'y ont permis le dépôt d'aucun trouble, *déterminent le percement d'un tunnel par les formations jurassiques*. Cette élimination successive des diverses lignes excentriques rattache finalement la ligne normale au cap Grinez, comme nœud inévitable du côté de la France, et, du côté de l'Angleterre, à la plage située entre Douvres et Folkstone. Sur cette plage nous avons donné la préférence à la pointe Eastware, d'où la rampe d'accession peut s'appuyer soit sur Folkstone, soit sur Douvres, comme l'indique la carte annexée. La raison physiologique de cette ligne acquiert une grande force quand elle se combine avec la raison économique du trajet le plus court et le plus direct.

Le projet que nous proposons consiste en un tunnel souterrain cylindrique, voûté en pierre, offrant dans son arc supérieur une section ouverte de 9 mètres de large sur 7 mètres de haut (Voyez la coupe transversale du tunnel, Pl. II, *fig.* 6). Le segment inférieur de ce cylindre inscrit un conduit d'assainissement C (*fig.* 6) pratiqué dans un massif en blocage supportant une double voie de fer. La présence de ce radier indépendant a pour objet d'éteindre ou d'atténuer les effets de la trépidation sur les parois du monument. Deux chemins de service en banquettes, pour la circulation pédestre, règnent parallèlement aux voies, de chaque côté du tunnel BB (*fig.* 6). L'installation de deux voies de fer, desservies par des locomotives ordinaires, paraît suffisante pour les voyageurs et les marchandises, même en admettant une circulation quadruple de celle qui existe aujourd'hui[1]. La construction simultanée d'une double voûte, à l'effet d'établir une circulation séparée pour les voyageurs et les marchandises, élèverait exactement au double la dépense de création du tunnel. Le spectacle du mouvement des têtes de ligne, à Paris et à Londres, démontre quel prodigieux développement de circulation peut être ordonné pendant vingt-quatre heures, sur un tronçon à double voie, au moyen de quelques gares d'évitement pour les marchandises. Néanmoins, comme il serait possible que, dans un avenir peu éloigné, une deuxième voûte devînt nécessaire, on pourra ménager, dans toute la longueur du tunnel, une série de baies latérales, murées jusqu'à nouvel ordre, par lesquelles il deviendrait facile à une autre génération d'entamer la création de cette deuxième voûte. Une telle opération, dans ces conditions d'attaque simultanée sur toute la ligne, marcherait très-lestement et ne coûterait pas alors trois fois aussi cher que les tunnels ordinaires du continent. D'ailleurs, cette dépense serait largement compensée par les avantages dus à l'accroissement de circulation qui motiverait un tel agrandissement.

Le tracé part du cap Grinez et se dirige sur la pointe Eastware, entre Douvres et Folkstone, en passant par le banc du Varne, où est projetée l'*Etoile du Varne*, station maritime du tunnel.

La voie d'accession du tunnel, du côté de l'Angleterre, est un souterrain de 5,500 mètres (Division VII), partant du faubourg Sainte-Mary, à Douvres, et descendant vers la pointe Eastware, où il passe sous le railway de Douvres à Folkstone, et se joint au

---

[1] Voyez au chapitre **XX**, qui traite de la circulation des trains sous le tunnel sous-marin.

tunnel sous-marin, au milieu d'une tour à ciel ouvert, formant la station frontière d'Eastware [1].

La voie d'accession, du côté de la France, consiste en un souterrain de 8,800 mètres (Division III), partant du moulin de Rouges-Bernes, au pied des collines de Bazinghen, près Marquise, et descendant vers le cap Grinez, où il atteint le tunnel sous-marin, également sous une tour à ciel ouvert formant la station frontière de Grinez [2].

Le souterrain de Bazinghen est relié lui-même au chemin de fer du Nord par deux divisions d'embranchement dont la carte donne la direction générale, susceptible de quelques modifications.

La division I, de 13,700 mètres, partant de Bazinghen, se dirige par Marquise sur Boulogne, où elle se raccorde au chemin de

[1] Sur un bloc de craie blanche, cubant 8 mètres, suspendu à un éboulis du mont Abbot, à 5 mètres environ au-dessus du niveau des hautes marées, nous avons gravé en creux, avec le marteau géologique, un T (tunnel) de $0^m,40$ de long. Ce point est l'extrémité d'une droite que nous avons déterminée en mettant l'un par l'autre le phare de Grinez et un bateau pêcheur mouillé au milieu du détroit à l'extrémité N.-E. du banc de Varne ; en sorte que pour réserver une base de 500 mètres à l'établissement projeté sur le banc de Varne, il faudrait reporter le point d'attache du tunnel en Angleterre, dans l'Eastware-Bay, à 1,000 mètres environ à l'ouest du signe T, que nous avons gravé sur la pointe Eastware, au pied du mont Abbot. Ce point d'attache du tunnel correspondrait ainsi à la petite échancrure de *Kettle-Net*.

[2] Le point d'attache en France de la droite passant par le Varne et le T gravé au mont Abbot se soude à Grinez, à l'axe même du phare, laissant à l'est les Épaulards. On pourra ainsi utiliser cet écueil en construisant sur le massif même du grand Épaulard, avec les déblais du tunnel, une digue d'abri. On pourrait à peu de frais faire disparaître à la basse mer le moyen et le petit Épaulard, et en accumuler les débris sur le grand, pour le revêtement de la digue ; en sorte que cette plage, débarrassée du même coup des deux écueils avancés qui la rendent si dangereuse, serait pourvue d'un petit havre accessible à mi-marée, sous le phare de Grinez, abri indispensable pendant les travaux du tunnel, et utile en tout temps aux pêcheurs.

Boulogne à Amiens ; c'est la route directe de Londres à Paris [1].

La division II, de 19,800 mètres, s'embranche à Marquise et se dirige par Guines sur le chemin de fer de Calais à Paris ; c'est la route d'Angleterre vers la Belgique et l'Allemagne.

La ligne sous-marine du tunnel aboutit, à chacune de ses extrémités, sous une station frontière à ciel ouvert, établie au fond d'une vaste tour. Celle de Grinez descend à 54 mètres sous l'étiage. Celle d'Eastware, moins profonde, ne descend qu'à 30 mètres. On pénètre à chacune de ces stations par un escalier spacieux, à rampe spiroïdale très-douce, appliqué à la paroi intérieure de la tour. La section horizontale de ces tours est un ellipsoïde dont le grand diamètre a 108 mètres, et le petit 50 mètres seulement; en sorte qu'un train de voyageurs pourrait faire au bas de ces tours une halte à ciel ouvert, entre deux gares d'évitement.

Les tours de ces stations, construites dès le début des travaux, serviront de voies d'accession pour le travail du percement, le mouvement des déblais, des matériaux de revêtement, l'extraction des eaux et la ventilation des galeries. Quant à la ventilation ultérieure du tunnel, il est possible qu'il s'établisse spontanément des courants aériens suffisants, peut-être même plus forts qu'on ne doit le désirer. C'est l'avis de beaucoup de mineurs compétents. Ce fut l'impression personnellement exprimée tout d'abord par le chef de l'État, en faisant l'examen de nos profils. Dans la pensée de Sa Majesté on devrait s'attendre, vu la proximité de la mer, à voir glisser avec une vitesse intense les profondes colonnes d'air engagées sous le tunnel. Interpellé à cet égard, nous avons dû répondre à Sa Majesté

---

[1] Une section d'embranchement serait nécessaire entre Dieppe et Abbeville, pour relier le réseau des chemins de fer de l'Ouest de la France à celui du Nord, et mettre ainsi les populations de la Normandie et de la Bretagne en rapport direct avec l'Angleterre.

que nous ne connaissions aucun moyen de déterminer *à priori* la mesure de cette ventilation; qu'il serait toujours possible de la modérer ultérieurement suivant le besoin; que dans le cas contraire, celui de l'inertie des colonnes d'air sous les voûtes, on produirait l'aérage par insufflation ou par appel, à l'issue des tours, comme il est indispensable de le faire pendant les travaux [1].

Une station intermédiaire, au moyen d'une semblable tour, est établie en mer au milieu du détroit, sur le banc de Varne, et divise le canal en deux parties presque égales. (Voyez le plan et la coupe de l'Étoile de Varne, Pl. II, *fig.* 3 et 4.) La tour ellipsoïde de cette station descend à 92 mètres, jusqu'au niveau du chemin de fer, par un escalier spiroïdal très-doux. Cette station maritime est l'œuvre la plus monumentale du projet.

La tour de cette station est foncée sur le terre-plein d'une étoile rhomboïdale de 17 hectares, bâtie en mer. Les quatre rayons diagonaux de cette étoile, prolongés en éperons saillants, abritent, aux quatre parties de l'horizon, quatre quais extérieurs de correspondance où les paquebots voiliers et à vapeur viendront faire escale et prendre ou déposer leurs colis et leurs voyageurs pour toutes les parties du monde.

L'Étoile de Varne contient en outre un port intérieur de relâche de 7 hectares de superficie. Le gisement de ce port, *accessible en permanence*, au milieu du détroit de Douvres, défilé maritime le plus fréquenté du globe; sa communication directe avec Londres et le continent, sur la route navale de l'Angleterre, de la Hollande, de l'Allemagne et de la Baltique vers les deux Indes, révèle assez l'importance qui lui est réservée comme centre de correspondance. Le terre-plein et les quais extérieurs de l'île, d'une superficie de 10

---

[1] Voyez au *Post-scriptum.*

hectares, sont revêtus en pierre de Steinkalk ou en granit, et remblayés dans la masse par les déblais provenant du tunnel. Un phare de premier ordre est élevé sur la branche de l'Étoile qui couvre l'entrée principale du port. Une deuxième entrée dans le port peut être établie à l'angle opposé du quadrilatère, afin de rendre l'accès intérieur et extérieur de ce port abordable en permanence par tous les vents, avantage inestimable pour la navigation et que peut seule offrir la situation isolée en mer d'un tel établissement. La construction ultérieure d'habitations et d'entrepôts sur les lignes de quais entourant le bassin intérieur offrira à ce port la meilleure ceinture d'abri qu'il soit possible de désirer [1].

A son point de vue monumental, notre projet pour l'île de Varne, purement utilitaire, doit s'arrêter présentement au niveau du terre-plein. Quant au couronnement ultérieur, déterminé par les lignes de constructions destinées à ceindre les quais, on peut entrevoir le caractère nouveau d'une conception architectonique inspirée par le but moral d'une œuvre consacrant le mariage symbolique des nations. Nous avons cru devoir ajourner cette question dans un programme qui paraîtra, s'il y a lieu, en temps opportun, comme un appel au concours des architectes de tous les pays.

Nous devons ici répondre à une question qui plusieurs fois nous a été adressée : « A quoi bon ce port ? » L'utilité d'un port de correspondance universelle pour le nord de l'Europe sera mieux appréciée à mesure que les questions d'intérêt local des ports de mer,

---

[1] M. Keller (Commission du tunnel sous-marin), dans une note spéciale sur l'orientation du port de Varne, est d'avis de supprimer les deux entrées nord et sud figurées à notre plan, et de les remplacer par une entrée unique située à l'angle est, comme étant l'accès normal du port. (Voyez le plan, pl. II, *fig.* 3, et la note 5 de l'Appendice : *Remarques sur l'entrée du port de Varne,* remise à la Commission du tunnel sous-marin, par M. Keller.)

qui ont prévalu jusqu'à présent, seront subordonnées et feront place
aux principes d'intérêt général dont le triomphe définitif est pressenti. Pour l'établissement d'un tel port, quel point, sur le champ
neutre de l'Océan, semble plus favorable que ce détroit, carrefour
où défilent actuellement les marines de tous les peuples? On comprend aujourd'hui que l'Europe puisse concentrer ses forces éparses
pour créer des rapports réguliers et étendus avec les terres loin-
taines, au moyen de deux nœuds de circulation maritime situés
l'un au sud, l'autre au nord de l'Europe. La question sera résolue
du jour où la navigation, actuellement distancée par la locomotion
continentale, se sera élevée à la hauteur de sa mission, en présentant à la circulation maritime des appareils flottants qui réalisent
à la fois, pour les passagers et le trafic, la double condition *d'une
extrême économie et d'une insubmersibilité absolue.* La solution
prochaine de ce problème, déterminant un mouvement de circulation maritime sans précédent, pourra seule fournir à l'Europe le
moyen d'imposer plus complétement sa race aux contrées fertiles
et incultes qui sollicitent sa possession.

Mais, sans insister davantage sur le caractère général d'une telle
création, et pour nous restreindre à l'intérêt spécial de notre sujet,
on comprend qu'il soit possible d'installer dès ce jour, au milieu
du détroit de Douvres, au moyen d'une coopération internationale
mutuelle et libre, un centre de correspondance en contact direct
à la fois, par les voies de fer et le télégraphe, avec Londres, Paris
et l'Allemagne, pour toutes les contrées d'outre-mer.

Au début du percement du tunnel, lorsque la nature du massif
sous-marin sera complétement reconnue, il sera possible d'adopter
une modification dans le tracé, pour réduire de moitié la profondeur de la tour de Varne, et rendre par là l'exploitation de la gare
plus facile. (Voyez le profil du tunnel, Pl. I, *fig.* 1, où ce projet de

relèvement est indiqué par une ligne ponctuée.) Il est probable
aussi que la superficie de l'ellipse proposée pour la gare de Varne
ne sera pas jugée suffisante, et qu'il y aura lieu de donner à cette
station sous-marine de plus amples dimensions, dignes de l'avenir
réservé à ce monument. Si cette ellipse était agrandie à des proportions dépassant 200 mètres de long sur 100 mètres de large, il deviendrait possible, au moyen d'une spirale suffisamment déve-
loppée, de faire monter les waggons jusque sur les quais du bassin
maritime de Varne, pour les mettre en contact avec le bord des
navires. Un navire se trouverait ainsi faire quai pour Londres et
Paris, au choix du commerce, ou même simultanément. Il est permis,
dès à présent, de prévoir le caractère économique d'une telle disposition dans un entrepôt maritime commun à Paris et à Londres,
et appelé, par cette double destination, à ouvrir au commerce
d'échange et d'expédition une activité sans limites.

L'Étoile de Varne sera établie sur la pointe orientale de ce banc,
par un fond de 8 mètres à la basse mer. Le grand atelier pour la
construction de ce monument sera isolé de la mer, au moyen de
jetées provisoires en charpente de bois, battues en mer à l'aide des
piliers en fonte à hélice de MM. Saunders et Mitchell, blindées en
madriers, et buttées à l'intérieur par des digues temporaires d'argile en sacs. De cette manière, la masse d'eau, inscrite dans cet en-
diguement, étant vidée dans la mer par des machines d'épuisement, l'atelier offrira l'aspect d'une grande île vide en contre-bas de
la mer. Les dispositions seront prises pour que le revêtement extérieur soit terminé dans deux campagnes, résultat devenu possible
dès que le travail s'accomplit hors du contact de la mer.

L'étendue du parcours et du service du tunnel motiveront l'a-
doption d'un système d'éclairage permanent au moyen de gazo-
mètres situés aux diverses issues. Des milliers de becs à gaz ré-

pandront sous ces voûtes profondes un jour perpétuel, si toutefois
on ne leur préfère, au point de vue de la salubrité, les réflecteurs
photo-électriques essayés récemment avec succès. Pendant la nuit,
les quais extérieurs de l'Étoile de Varne, également munis de lignes
de réflecteurs, apparaîtront à la navigation comme une masse lu-
mineuse, surmontée elle-même par le grand phare, dominant au
loin les deux mers.

CHAPITRE XIV

La direction du tunnel étant indiquée conformément au tracé de la carte d'étude annexée, on peut suivre maintenant sur le diagramme l'état des lieux submergés et le profil du tunnel dans chacune des divisions [1].

La division III part du moulin de Rouges-Bernes, au pied du coteau de Bazinghen, à 1,500 mètres nord-ouest de Marquise. Son parcours est de 8,800 mètres jusqu'à la station de Grinez, où elle descend par une pente de $0^m,007,33$, à la profondeur de 54 mètres sous l'étiage.

Durant ce parcours, le tunnel, ouvert à la limite de la grande

---

[1] Nous désignons par le nom de *divisions* les diverses parties du tracé soumises à des plans inclinés distincts. Nous réservons le nom de *sections* pour les subdivisions de l'œuvre, séparées par les puits d'attaque. (Voyez les cotes de de ces sections, à la carte pl. II, et au diagramme pl. I, où elles sont indiquées par les mêmes lettres que les puits adjacents.)

oolithe et de l'Oxford-Clay, chemine entre ces deux étages jusqu'aux
deux tiers de la division, point où il abandonne tout à fait l'Oxford-
Clay pour pénétrer dans le massif de l'oolithe inférieure, dans laquelle il se trouve complétement engagé en arrivant sous la station
de Grinez. Ce résultat serait atteint sans avoir traversé aucun banc
aquifère appréciable, le travail étant protégé par l'épaisseur de
l'argile oxfordienne.

La division IV, longue de 7,000 mètres, descend de la station de
Grinez, par une pente de $0^m,004,57$, jusqu'au dessous du thalweg
sous-marin du détroit, point où elle atteint 86 mètres de profondeur sous l'étiage.

Pendant ce parcours le tunnel cheminerait constamment dans la
roche oolithique inférieure, et ne rencontrerait aucun banc aquifère
prévu.

Avant de nous engager dans les divisions ultérieures, il convient
de jeter un coup d'œil hydrographique sur la partie du diagramme
qui supporte le thalweg de la mer.

Nous avons essayé, dans le chapitre XII, de décrire l'origine et la
formation des grandes intumescences du sol sous-marin. Pour
compléter cet examen, il est nécessaire d'arrêter l'attention du
lecteur sur la dépression remarquable qui sert de lit au canal du
plus grand brassiage. Elle offre la démonstration vivante du phénomène d'érosion qui a creusé la plupart des grandes vallées des
continents.

On voit que, parvenu sous le thalweg du détroit, le tunnel est séparé de la mer par un ciel de roche épais de 22 mètres, formé par la
grande oolithe et l'étage oolithique moyen dénudé[1]. Nous avons ex-
pliqué, au mémoire qui traite de l'isthme de Douvres, comment cette

---

[1] Voyez le Diagramme, pl. I, et la *fig*. 5, pl. II.

vallée sous-marine correspond au chemin de l'onde directe de l'Océan projetée sur la Manche. Soit qu'on mouille la lance, soit que l'on jette simplement la sonde sur le fond de ce thalweg et sur les deux collines submergées au pied desquelles il est inscrit, on rencontre un fond continu de roches, signalé par Beautemps-Beaupré, se poursuivant sans interruption depuis le cap Grinez jusqu'au milieu du détroit. Mouillée fréquemment à la distance d'une demi-encablure, la lance, tantôt se recourbe et marque roche, tantôt se plante de 0^m,30 et ramène alternativement de l'argile qui apparaît au fond du système dans les parages de la côte française : c'est l'argile de Kimmeridge. Longtemps la courbe concave décrite par ce fond rocheux nous a préoccupé. En la supposant déterminée par des roches stratifiées, nous étions porté d'abord à attribuer cette dépression à une flexion locale ou à une grande faille qui aurait interrompu ou troublé par ce pli l'horizontalité géologique des dépôts. Plus tard, la nature de ces enrochements nous fut expliquée par le phénomène de dénudation séculaire, permanent et actuel, qui agit sur les côtes adjacentes.

Sur le profil de notre diagramme, on voit, au pied du cap Grinez, un massif de roches confusément entassées, émergées à la basse mer, écueil connu des marins sous le nom des *Épaulards*. Ce sont des calcaires argileux, des marnolithes coquilliers et des grès oolithiques de l'étage supérieur détachés de la falaise kimméridienne et portlandienne, à mesure que l'argile de cette falaise, qui leur sert de support, est délitée sur sa tranche par le dégel, et minée par la lame qui déferle à sa base. Les matières terreuses en suspension dans l'eau sont décantées suivant leur ténuité par la mer. Le courant, déterminé dans le détroit par les grains de flot, opère le transport final de ces substances dans le sens même de ce flot. Le sable portlandien est charrié sur les plages de Calais et de Dunkerque, et l'argile kimméridienne, plus ténue, va se déposer promiscûment avec la craie du cap Blanc-Nez devant les bouches de l'Escaut. Les agrégats rocheux restent seuls sur la place de leur chute et tapissent le fond de la mer. Ce phénomène de dénudation, auquel nous assistons, s'est accompli successivement, et a repoussé méthodiquement la falaise depuis le milieu du détroit jusqu'au cap Grinez, comme il agit encore aux Épaulards. Telle est l'origine de ces roches mamelonnées indépendantes, éparses sur le plafond de la mer, véritables ossements géologiques d'un étage supérieur disparu par ablation. Dans le mémoire sur l'isthme de Douvres, nous établissons que ce phénomène de délitement local, à raison de son intensité actuelle, qui est de $0^m,25$ par an, ou 25 mètres par siècle, n'a pas duré moins de six cents siècles pour élargir le détroit à sa limite actuelle. Il a emporté ainsi en détail la puissante assise d'argile kimméridienne qui manque complétement au diagramme sur une longueur de 6 kilomètres. Il a entamé même au thalweg le sommet de l'étage oolithique moyen. En même temps, il l'a recouvert de cette épaisse et impérissable cuirasse de roches kimméridiennes et portlandiennes accumulées, que nous indiquons au diagramme, constatées par les sondages de Beautemps-Beaupré, et que la mer a semées sur son fond, comme une limite imposée désormais par elle-même à son envahissement vertical. Si le sommet de ces formations a été ainsi ébréché par le grand phénomène de dénudation que nous venons de décrire, et qui a creusé le canal, le fond de ce canal paraît protégé actuellement contre la continuité de ce phénomène par les débris de roches portlandiennes confusément étalées à sa surface. Il était bon d'élucider ce fait pour dissiper toute crainte sur l'avenir du tunnel, au point où il franchit la moindre épaisseur du sol sous-marin, épaisseur que nous proposons de maintenir à 22 mètres, pour cheminer dans la masse ou sur les confins de la grande oolithe; ce qui rend toute sollicitude superflue.

Reprenons le profil des divisions.

La division v, longue de 11,450 mètres, descend par une pente insensible de 0^m,000,56 jusqu'à l'Étoile de Varne, où elle atteint le maximum de profondeur du tunnel, 92 mètres.

Pendant ce parcours, le tunnel abandonne doucement la zone supérieure de la grande oolithe, sans rencontrer de bancs aquifères, et traverse, durant 4 kilomètres, l'étage oolithique moyen. Ce passage se fait d'abord sans obstacle, protégé par l'épaisse assise de l'Oxford-Clay. Il n'en est pas tout à fait ainsi à la sortie de ce système, où l'on rencontre d'assez faibles, mais toujours gênantes infiltrations d'eau, provenant des sables qui servent d'emballage aux dernières assises du Coral-Rag (n°s 31 à 33 de l'*Écrin*). Il est à présumer, en raison de la faible inclinaison de ces couches, que l'on restera en présence de ces infiltrations durant près d'un kilomètre, et qu'elles nécessiteront des épuisements. Il était convenable, en passant, de signaler la nature de cet obstacle, qu'il ne faut pourtant pas exagérer. Dans toutes les collines sur la pente desquelles nous avons observé les épanchements aquifères des terrains jurassiques, en Poitou, en Berri, en Nivernais, en Normandie et dans l'Oxfordshire, en Angleterre, nous avons constaté que la tranche supérieure du système coralien, ou de ses équivalents, donnait partout des pleurs au printemps, nulle part des sources permanentes. Mais comme nos observations ne portent que sur des collines supérieures à l'étiage des mers et au thalweg des vallées, il est à présumer qu'au niveau inférieur où nous saignerons ce gisement aquifère, il sera plus nourri d'eau, et c'est par ce motif qu'il est bon de prévoir la nécessité de son épuisement.

En sortant du système coralien, le tunnel s'engage dans l'étage oolithique supérieur, à travers l'argile de Kimmeridge, dont la puissance dépasse 50 mètres. On chemine sans obstacle dans ce terrain, jusqu'à la station de Varne.

La division VI, de toutes la plus étendue, a un parcours de 14,550 mètres. A partir de l'Étoile de Varne, elle remonte par une rampe de $0^m,004,37$ jusqu'à la station d'Eastware. Dans ce trajet, elle chemine d'abord pendant 6 kilomètres dans l'argile de Kimmeridge. Elle traverse, sur 4 kilomètres, le système portlandien, dont les assises sont assurément aquifères, pour pénétrer, durant 3 kilomètres, dans les argiles wealdiennes, où elle chemine sans obstacle. Elle atteint, enfin, les grès verts, entre lesquels elle arrive aux limites du détroit, à la station d'Eastware, au niveau de 30 mètres sous l'étiage.

On peut dire qu'à ce point le tunnel sous-marin est parcouru sans que l'on ait prévu la rencontre de grands obstacles dans son trajet. Le plus sérieux de tous les obstacles est précisément cet étage des grès verts, sous lesquels on arrive à la côte d'Angleterre. Cet étage, que nous avons décrit en détail au chapitre X, contient, outre des assises rocheuses (n°s 53 à 72), des grès mal liés (n°s 59, 65 et 71), et des argiles inconsistantes (n°s 58 et 61).

Il résulte de nos observations qu'en tout lieu l'étage des grès verts est très-aquifère. Il doit cette propriété à la grande perméabilité de ses assises sableuses (n°s 59 et 71) qui facilite l'absorption des eaux pluviales recueillies sur ses affleurements. Mais ce qui doit rassurer sur la portée de cet obstacle, c'est qu'il est abordé à la limite du bassin de la mer, et que les moyens industriels de l'attaquer par la terre ferme sont beaucoup plus efficaces que ceux auxquels on est réduit dans un atelier exclusivement sous-marin. Le tunnel d'accession ne présentera pas sous ce rapport, à part le grand diamètre de l'extrados (11 mètres), plus d'obstacles qu'une galerie de mine ordinaire, et offrira, par le foncement de puits rapprochés, à travers la craie supérieure, les mêmes ressources d'épuisement.

Nous avons dû rechercher la mesure approximative de la puissance aquifère de ces bancs. La nappe jaillissante du puits de Grenelle, qui en découle, est saignée à un niveau tel qu'il n'y a aucune induction à en tirer pour la localité qui nous occupe. Ce puits s'alimente, en effet, sous le point où la lentille crayeuse qui remplit le bassin parisien atteint peut-être sa plus grande épaisseur, 547 mètres.

Si cette mesure pouvait être donnée par l'étendue de la surface des affleurements les plus voisins, la puissance aquifère serait très-faible ; car la ceinture apparente des grès verts qui entoure la lentille crayeuse du Kent a une largeur très-restreinte. Mais elle reçoit sur ses dénudations, conjointement avec la quantité d'eau pluviale afférente à sa surface, celle qui découle aussi des collines crayeuses et wealdiennes. Un puits d'essai foncé sur cette formation peu profonde pourra seul éclairer cette recherche. Dans tous les cas, il faut s'attendre à mettre en œuvre, pour le percement des trois bancs sableux de cet étage (n°⁸ 59, 65 et 71), les procédés usités contre la poussée des terrains inconsistants et l'envahissement des eaux, procédés ingénieux auxquels de fréquentes applications ont récemment donné un si grand développement dans les mines et les travaux publics de l'Angleterre.

Dans le chapitre X, qui décrit les assises de cet étage, nous avons constaté la grande perméabilité du groupe des *grès verts moyens*. (Voir, à l'*Écrin géologique*, les n°⁸ 59 et 61.) Nous avons exploré en différentes saisons, durant une année, à la pointe Mill (ouest de Folkstone), les épanchements d'eau qui s'échappent de la falaise, par la base de ce groupe, à quelques mètres au-dessus de la mer

(banc n° 59). Sur une ligne de 1,500 mètres, soumise à notre examen, les infiltrations, durant le mois de novembre, étaient complétement nulles. Sur le même espacé, en février, nous avons constaté huit filets d'eau, débitant chacun en moyenne plus d'un pouce
fontainier. En avril, le volume de ce débit paraissait notablement
augmenté, et plusieurs de ces filets étaient même reliés entre eux
par des nappes continues de pleurs d'infiltrations. En juillet, le
volume de l'eau était beaucoup amoindri, relativement à la précédente observation. En sorte que les variations de ces sources sont
très-sensiblement subordonnées aux alternatives des pluies locales, et accusent ainsi la grande perméabilité des milieux par-
courus.

C'est donc dans la région de ce groupe des *grès verts moyens* que
l'on doit s'attendre à trouver les premières infiltrations sérieuses,
si l'on attaque l'étage par le pied ; mais ce qui en atténue beaucoup
la mesure, c'est que les deux lits de sables aquifères de ce groupe
(n⁰ˢ 59 et 61) n'ont chacun que 2 mètres et demi d'épaisseur, et
qu'ils sont séparés par l'épais dépôt argileux du Gault (n° 60). On
pourra donc les traiter séparément.

Dans l'examen du groupe des *grès verts supérieurs*, nous n'avons
pas remarqué d'infiltrations par les sables chlorités (n° 65), qui
servent d'emballage aux bancs inférieurs de ce groupe.

Mais à l'extrême sommet de ce groupe des *grès verts supérieurs*,
nous avons constaté la grande perméabilité du *sable quartzeux
glauconifère* (n° 71). L'examen de ce spécimen accuse l'absence
complète de toute gangue et de tout ciment dans ce sable quartzeux
que nous avons comparé à un filtre (chapitre X). Lorsque la sonde
du puits de Grenelle eut traversé la couche des marnes inférieures
de la craie (n° 72), elle s'enfonça subitement d'un mètre par son
propre poids dans ce lit de sable quartzeux, d'où la nappe d'eau

souterraine jaillit immédiatement. Le forage s'étant arrêté à ce point, l'épaisseur de cette couche sous Paris n'a pu être constatée. Notre exploration des terrains de la côte d'Angleterre, décrite au chapitre X, lui attribue une épaisseur moyenne de 4 mètres.

La structure géologique du terrain sous-marin permet d'abaisser la ligne de profil du tunnel de telle sorte qu'elle ne puisse traverser ces couches aquifères qu'à un point situé sous la côte du Kent, hors du massif submergé[1]. Le passage par ces grès sableux n'offrira dès lors guère plus de difficultés que celles qui ont été vaincues dans le percement du tunnel de Saltwood, sur la même formation, et à six kilomètres de Folkstone, pour le chemin de fer South-Eastern.

Les mineurs ne peuvent pas plus redouter ces voies d'eau souterraines que les nappes constitutionnelles, subordonnées au plan d'eau, à travers lesquelles s'exercent la plupart de leurs exploitations. A l'appui de cette assertion, nous rappellerons un fait bien connu des géologues et des mineurs : *c'est que les mines de houille du nord de la France sont exploitées en permanence à travers la masse liquide d'un lac souterrain*, et que cet obstacle incessant, bien supérieur à celui que présentent les grès verts, est accepté et méthodiquement vaincu, sous le plan d'eau, dans toutes les houillères.

La quantité de faits identiques est innombrable dans les mines de France. Cette condition constitue aussi l'état permanent des grandes houillères de l'Angleterre. Les puits foncés pour atteindre les profonds gisements du terrain houiller de Newcastle traversent

---

[1] Voyez au Diagramme la ligne ponctuée qui indique l'abaissement de la division VI du tunnel, de manière à n'attaquer les grès verts qu'en dehors du détroit.

des couches dans lesquelles filtrent de véritables fleuves souterrains. Les houillères voisines d'Édimbourg sont exploitées en plein
à travers l'onde d'un immense lac souterrain. C'est également
la condition de toutes les mines d'Allemagne exploitées en contre-
bas du plan d'eau. On ne pénètre dans les houillères d'Essen, en
Westphalie, qu'en traversant des couches de sable mouvant aquifère, de cinquante mètres d'épaisseur.

La division VII conduit, sur un parcours de 5,500 mètres, d'Eastware à Douvres, avec une pente de 0^m,006,80. Dès que l'obstacle
signalé à la partie inférieure de ce terrain sera franchi, le tunnel
d'accession montera sans aucune difficulté dans la craie supérieure
pour sortir au faubourg Sainte-Marie, à Douvres, ou se raccorder,
soit au chemin de fer projeté de Douvres à Londres par Canterbury,
soit au railway actuellement ouvert par Ashford.

Déclarons maintenant qu'aucune des pentes proposées par nous,
pour le tracé de ce tunnel, ne paraît impérieusement imposée par
des nécessités physiques. Elles ne sont qu'un point de départ pour
le tracé définitif. Les changements que la vérification pourra
introduire dans le profil du diagramme détermineront sans
doute aussi des modifications dans celui du tunnel. Nous avons
cru devoir, dans cette étude, nous arrêter au tracé le plus élémentaire, comme point de départ pour la discussion ultérieure, dans
laquelle chacun produira ses vues. Nous nous bornons à indiquer,
dans ce chapitre et dans le précédent, deux projets de modification du tracé initial, et nous les avons figurés en lignes
ponctuées sur la coupe (Voyez pl. I). Quant aux pentes des voies
d'accession, elles sont subordonnées dans notre tracé à des conditions purement économiques, et peuvent éprouver toutes les modifications qu'il conviendra de leur faire subir. Il était de notre
devoir de signaler, en l'exagérant peut-être, la difficulté du passage

par les grès verts, afin de convier par là le génie des mines à la recherche des meilleurs expédients pour vaincre cet obstacle. Cela fait, la notion que nous avons acquise de cette formation, dans les divers lieux, tant voisins qu'éloignés, où elle a été attaquée et traversée, nous autorise à affirmer, jusqu'à lumières nouvelles, qu'elle peut être traversée directement aussi bien sous la mer que hors la mer. En sorte qu'il serait regrettable que, pour éviter un obstacle difficile peut-être, mais surmontable et passager, des pentes spéciales et prolongées outre mesure fussent imposées à cet égard au monument, pendant toute sa durée. D'ailleurs les puits projetés pour l'attaque du percement permettront, pendant leur foncement, d'acquérir la notion exacte de ces terrains et la donnée locale nécessaire pour l'adoption du niveau définitif de l'œuvre.

Dès que notre travail a pu être coordonné en un corps d'étude, nous l'avons communiqué à MM. Cordier et Élie de Beaumont, dont nous fûmes autrefois le disciple. Ce fut alors que le premier de ces deux maîtres nous fit part de ses souvenirs touchant le projet de tunnel de l'ingénieur des mines Mathieu, son ancien collègue, dont nous avons parlé au chapitre II. M. Cordier fut d'avis que notre diagramme indiquait bien les terrains existant sous le détroit, comme structure générale, sauf les plissements et dépressions de détail qui pouvaient en modifier le profil. M. Beautemps-Beaupré avait remis à ce vénérable géologue les notes assez détaillées des natures de fond des sondages de ses deux campagnes hydrographiques sur la Manche; mais ces notes, étant dépourvues d'extraits naturels à l'appui, n'avaient aucun caractère géologique, et ne pourraient pas plus nous éclairer que les cotes de ses cartes marines. M. Élie de Beaumont, à qui nous avons présenté les extraits épigènes des bancs sous-marins du Varne et du Colbart (nᵒˢ 47, 48, 49, 50, 51), n'a point hésité à les reconnaître pour des grès portlandiens.

Cet éminent professeur, qui a bien voulu nous aider à rectifier une
erreur introduite d'abord dans notre diagramme, à la zone des terrains crétacés inférieurs, erreur dont le redressement motiva de
notre part une nouvelle exploration spéciale sur la formation des
grès verts, pensa que ce profil, tant dans ses attaches à la terre ferme
que dans ses prolongements sous-marins, donnait un tracé aussi
exact que possible des formations géologiques du détroit, dans l'état
actuel de la science; et que l'on devait s'attendre à traverser tous ces
terrains, dans l'ordre où nous les indiquons, sauf les variations
inévitables que peuvent éprouver les épaisseurs des divers étages
sur un parcours aussi étendu. L'opinion de ces deux géologues fut
d'accord sur ce point que l'horizontalité géologique de ces formations ne présentait ni indice ni probabilité d'aucune grande dislocation, et que, la limite des pentes d'accession du tunnel n'étant pas
circonscrite dans un niveau nécessaire, on ne pouvait que gagner
en solidité en s'enfonçant profondément sous le détroit.

CHAPITRE XV

Bon nombre de personnes, à qui nous avons fait part de notre étude, nous ont adressé la même objection : « Mais les infiltrations « de la mer ? N'est-il pas à craindre qu'elles n'envahissent et n'inon- « dent le monument ? » Ces craintes ont été généralement suggé- rées au public par les auteurs des propositions de tunnel que nous indiquons au chapitre II; elles nous ont été personnellement expri- mées par un haut personnage. Il est donc intéressant de consacrer un paragraphe spécial à cette question des infiltrations marines, dans laquelle nous serions heureux d'apporter quelque lumière.

Les propositions antérieures à ce mémoire, considérant le tunnel comme l'exutoire permanent de nombreuses sources découlant de la mer, ont reproduit les appréhensions de l'ingénieur Mathieu et ses vastes canaux d'égoût pour verser, par des pentes spéciales, ces eaux incommodes vers l'Angleterre et le continent. D'autres ont imaginé des appareils de revêtement en fer, en bois, ou de bizarres maçonneries en zigzag pour contrarier ou atténuer ces infiltra- tions.

En décrivant au précédent chapitre l'état des lieux sous-marins, et en indiquant la rencontre probable des bancs aquifères, nous n'avons prétendu désigner que l'existence de l'eau douce dans ces bancs, nullement celle de l'eau marine. Les projets, dépourvus d'é- tudes, qui entretiennent le public de cette question, semblent ad-

mettre, et par là lui font partager cette erreur, que le sol sous-marin
est susceptible de recevoir et laisser passer directement à travers sa
texture les infiltrations supérieures de la mer, à peu près comme
agiraient une éponge ou une fontaine filtrante. On comprend qu'il
soit possible d'accueillir de telles suppositions quand on projette de
percer un massif inconnu; mais dans une pareille hypothèse, on est
tenu à une grande réserve, et la prudence commanderait une ab-
stention complète. Pour notre part nous avons regardé longtemps
le percement d'un tunnel, à travers un semblable inconnu, comme
chose dont le respect dû au public nous interdisait la proposition.

Les recherches exposées dans ce mémoire paraissant aujourd'hui
jeter plus de clarté sur cette matière, il convient d'examiner spécialement le diagramme au point de vue des infiltrations marines,
et de suivre de nouveau dans ce but sur le profil chaque nature de
roche affleurant sous la mer.

Nous indiquons au diagramme, dans les divisions v et vi du
tunnel, quatre grands biseaux d'infiltrations marines, à l'expiration
des lignes d'application de ces roches. Les intervalles situés entre
ces grands biseaux sont en outre divisés par des biseaux intermédiaires parallèles, de moindre importance, par lesquels des infiltrations marines sont possibles, aux points d'intersection des divers
feuillets rocheux stratifiés, décrits aux chapitres VIII, IX et X, et
que l'échelle déjà réduite du diagramme annexé n'a pas permis
d'indiquer.

On ne peut admettre la perméabilité verticale des bancs oolithiques stratifiés, formés de lits de roche alternant avec des argiles de
texture compacte. Ces bancs sont au contraire autant de chapes superposées. Dans de telles formations, les eaux pluviales recueillies
à la surface des continents, ne pouvant s'infiltrer verticalement à
travers ces chapes naturelles, glissent obliquement entre les points

d'application de ces roches, et se logent dans les interstices variés qui les séparent. Leur accumulation alimente des plans d'eau supérieurs, véritables réservoirs, temporaires ou permanents, qui se vident par des sources aux points inférieurs des vallées où les conduit leur inclinaison. Lorsque ces dépôts aqueux sont inférieurs au thalweg des vallées et à l'étiage des mers, ils sont subordonnés au plan d'eau final des Océans, et leurs eaux y reposent pour l'éternité ; à moins qu'une cause accidentelle, comme le percement d'un puits, par exemple, ne vienne leur ouvrir une issue par laquelle elles s'élèvent souvent jusqu'au niveau du réservoir initial. Tel est le cas du puits artésien de Grenelle qui ramène au-dessus du sol une eau douce provenant de 547 mètres de profondeur.

Le percement du tunnel pourra donc rencontrer des filets d'eau douce provenant, par siphons souterrains, des plateaux de l'Angleterre ou du continent. Telle est du moins la probabilité énoncée par M. Cordier. L'eau marine pouvant aussi bien que l'eau douce des continents, et en vertu de la même loi, s'insinuer sous les biseaux des strates affleurant dans la mer, elle pourra, non pas pénétrer verticalement à travers la roche, mais filtrer lentement entre les lignes d'ajustement des divers étages, quand ces lignes seront occupées par des graviers démunis de ciments argileux ou calcaires. En un cas pareil, elle se présentera dans les mêmes conditions que l'eau douce. Elle obéira aux lois d'une filtration qui ne sera ni plus rapide ni plus abondante, mais d'une continuité peut-être plus soutenue.

Telles sont les probabilités locales pour la rencontre des infiltrations dans le percement du tunnel. Elles ne peuvent différer notablement des conditions générales imposées à la plupart des tunnels ordinaires. On peut tenir pour certain, vu la nature des gisements traversés, que ces infiltrations, dans les terrains jurassiques, ne présenteront rien de semblable à celles qui ont été rencontrées et néanmoins victorieusement traversées dans les dépôts fluvio-marins de formation supérieure.

Une apparente analogie de conditions physiques, entre le tunnel de la Tamise et le tunnel sous-marin, est incontestablement l'origine des appréhensions nombreuses accréditées à l'égard des infiltrations. Nous avons cru nécessaire d'exposer, dans une note spéciale, la différence constitutionnelle résultant de l'absence complète de similitude dans les niveaux et dans les milieux traversés par ces deux monuments. En même temps nous avons dû rechercher quels sont les deux tunnels présentant, en Angleterre et en France, les conditions les plus similaires, en raison de la nature des terrains, conditions d'identité que nous ont paru offrir, par-dessus tous, le tunnel de la Nerthe, sur le chemin de fer d'Avignon à Marseille, pour les terrains jurassiques, et celui de Saltwood pour l'étage des grès verts [1].

Les accidents à la suite desquels la Tamise pénétra dans le tunnel de Londres, pendant sa construction, doivent être attribués, non à des infiltrations naturelles, mais à des irruptions directes du fleuve. Ces irruptions furent des accidents inhérents à la condition prévue où le niveau adopté avait placé la construction. Brunel avait très-bien pressenti qu'en passant si près du thalweg de la Tamise (4 mètres), le ciel d'argile pouvait crever, *attendu que l'épaisseur de ce ciel était inférieure à la largeur de la section ouverte* (9 mètres). Les accidents de cette nature étaient prévus, et leur éventualité seule avait pu motiver l'ingénieux expédient de l'immense bouclier que Brunel promena si audacieusement sous le sol de la Tamise.

[1] Voyez à l'Appendice note 7 : *Sur le tunnel de la Tamise; comment les conditions physiques de ce monument sont sans similitude avec celles du tunnel sous-marin; comment les tunnels de la Nerthe et de Saltwood sont ceux qui présentent, par l'identité des milieux, le plus de similitude avec le tunnel sous-marin ;* par l'auteur.

Mais, dans le tunnel sous-marin, l'épaisseur de ciel solide réservé, entre l'ouvrage et le fond de la mer, varie de 22 à 80 mètres, et se trouve par cela même complétement en dehors de la zone physique, très-restreinte d'ailleurs, où la pression de la mer sur le vide de la galerie peut directement s'exercer d'une manière redoutable. Il n'y a donc pas, vu la solidité des milieux et la grande épaisseur du ciel, d'irruption accidentelle à craindre; il n'y a que des infiltrations naturelles à prévoir, et ces infiltrations naturelles ne peuvent s'exercer que dans les conditions normales que nous avons essayé d'indiquer, aux différents biseaux inclinés.

Il pourrait se faire qu'il existât des failles, même des troncatures verticales dans les terrains oolithiques. Dans un cas pareil, ces failles ou faillettes seraient occupées par des remblais des terrains supérieurs, soit l'argile wealdienne, soit les dépôts crayeux. En supposant le pire, l'occupation de telles failles par des sables filtrants, elles constitueraient donc des bandes verticales aquifères à franchir, lesquelles ne sauraient présenter des difficultés comparables à celles qui furent surmontées dans la traversée horizontale des grès verts, au tunnel de Saltwood. Mais rien n'autorise à supposer l'existence de semblables failles et faillettes, et si nous avons cru devoir en admettre gratuitement la supposition, c'était pour épuiser le plus largement possible, en présumant le pire, la question des infiltrations qui se dresse comme un épouvantail devant les personnes dépourvues de la notion locale des terrains.

Les infiltrations d'eau douce ou d'eau salée, dont on se débarrassera par les moyens usités dans les mines, pendant le cours de la construction, ne sauraient aucunement préoccuper pour l'époque ultérieure à son achèvement. Par une erreur d'analogie, en dehors de toute similitude, on a proposé, pour la maçonnerie de revêtement du tunnel, des dispositions jointives ingénieuses adoptées

ailleurs avec succès pour préserver les joints de murailles à la mer
de la dégradation incessamment produite sur ces joints par le déferlement direct de la lame. Dans la question qui nous occupe,
aucun effet semblable n'étant produit, rien ne motive de telles pré-
cautions. Une fois le tunnel achevé, les filets d'eau douce ou marine,
qui peuvent dormir aujourd'hui dans les interstices des couches
souterraines, continueront de dormir dans un calme éternel
derrière les épaisses murailles dont le tunnel sera revêtu. La simple
construction au moyen de moellons appareillés, disposés en car-
reau et boutisse (Pl. II, *fig.* 6), reliés à bain de ciment hydraulique,
suffira pour préserver l'intérieur du monument de toute filtration.
Ce tunnel, en traversant le massif sous-marin dont nous présentons la structure, sera dans des conditions identiques à celles de
tous les tunnels traversant les plateaux stratifiés du continent. On
peut même espérer qu'il sera plus étanche, vu le surcroît de soins
qui sera apporté sans aucun doute dans le choix et l'emploi des
matériaux. Par l'absence de tels soins jugés superflus, beaucoup de
tunnels du continent laissent passer des infiltrations que l'on eût
pu éviter, qui d'ailleurs ne gênent pas le service, mais qui peuvent,
à la longue, altérer la solidité de ces constructions.

Toutefois il est très-important de remarquer que les infiltrations
de la mer, vu la stratification presque horizontale ou du moins
très-peu inclinée des lits traversés, devront franchir des distances
considérables pour parvenir du fond de la mer au profil du tunnel
par les interstices de ces lits. Suivant le diagramme, cette distance
n'est pas moindre de quatre kilomètres dans la division v, entre les
assises coralliennes et kimméridiennes. Dans la division vi, la distance à franchir entre les grès portlandiens et les argiles wealdiennes est de cinq kilomètres. Dans cette même division vi, les
étages des grès verts présentent à la mer deux biseaux beaucoup

plus courts; mais sur ces points même, les distances à parcourir par les infiltrations marines, pour atteindre le tunnel, ne sont pas moindres de deux kilomètres! Et ces interstices, s'ils sont accessibles au passage de l'eau marine, sont occupés par des graviers et des argiles dont il suffit que quelques grains se déplacent pour intercepter ou ouvrir à l'eau cette voie exiguë.

Concluons. — En raison de la longueur considérable de ces voies aquifères et de leur faible inclinaison; en raison de la pression exercée par la masse de la mer sur les roches argileuses compressibles de son fond, pression accrue par l'action verticale incessamment agissante de l'onde marée, qui tend à déprimer l'extrémité des biseaux argileux sous lesquels pourrait s'infiltrer l'eau de la mer; en raison surtout de la suture et de l'ajustement parfaits de ces biseaux, tels que nous avons pu les observer aux affleurements du continent, nous n'hésitons pas à conclure devant le public, comme nous avons cru pouvoir le faire en présence du chef de l'État, à l'innocuité des infiltrations marines dans la zone profonde et ferme où nous proposons de percer un tunnel.

CHAPITRE XVI

CONDITIONS OBSERVÉES DANS LA CONSTRUCTION DU TUNNEL SOUS-MARIN POUR LA DÉLIMITATION DES DROITS DE CHAQUE ÉTAT, ET POUR LA DÉFENSE DES TERRITOIRES.

A côté de la question physique des infiltrations, il s'en présente deux autres d'un ordre différent, également dignes d'un sérieux examen : celle de la défense des territoires, au point de vue du génie militaire, et celle de la limite des droits de chaque État. La limite des droits de chaque Etat peut se démarquer par des herses nationales, sous les tours d'Eastware et de Grinez, à l'instar des pratiques usitées dans les places de frontière. La partie sous-marine du tunnel peut recevoir une appropriation internationale par la confusion des droits des deux pays. Cette propriété serait exploitée à frais communs par les deux gouvernements, ou concédée à ferme à une compagnie anglo-française.

Quant à la défense des territoires, l'histoire nous apprend que, dans le passé, sept fois les peuples du continent ont tenté, avec ou sans succès, l'invasion des îles Britanniques, et que seize fois les armées anglaises ont pénétré sur le continent d'Europe. Malgré l'affaiblissement de l'esprit d'invasion militaire dans les sociétés modernes, la prudence commande aux gouvernements de s'éclairer aux souvenirs de l'histoire. Convertir l'île d'Angleterre en une péninsule, par un isthme souterrain, serait donc un fait économique et moral dont la portée se compliquerait de l'idée politique et militaire, si la question n'était virtuellemeut résolue par la condition physique du monument proposé.

En effet, ainsi que nous avons eu l'honneur de l'exposer devant un haut personnage, la situation providentielle du monument, sous le plan d'eau de la mer, permet de le supprimer instantanément par submersion, et d'isoler ainsi les deux terres, comme par le passé, de toute la largeur du détroit. Cette submersion peut s'opérer au moyen de bondes à soupapes, étagées dans des chambres souterraines, aux limites des deux territoires, soupapes que chaque État pourrait, à peu de frais, se donner le luxe de faire basculer à l'instant, du siége même de son gouvernement, au moyen de conducteurs électriques.

Il suffirait d'une masse de 75,000 mètres cubes d'eau pour inonder en une heure, jusqu'à la voûte, les anneaux du tunnel à son thalweg. Il ne faudrait pas moins de soixante-douze heures, et les efforts réunis des deux gouvernements, pour épuiser ce volume d'eau et rétablir la circulation dans le monument.

Mais il ne faut pas s'attendre à ce que nous présentions ici le plan de ces bondes de submersion. C'est un travail qui rentre directement dans la compétence du génie militaire, et dont nous croyons devoir nous abstenir complétement. Si nous avons proposé cet expédient (qu'on nous le pardonne), c'est qu'il était naturellement indiqué pour couper court aux objections invoquées à cet égard, et pour satisfaire aux exigences d'un sentiment qui, tout en s'affaiblissant, a survécu, et par cela même mérite d'être respecté. Qu'il nous soit permis de citer l'opinion exprimée par un illustre appréciateur, touchant cette submersion : « Il suffit que ce procédé soit praticable « pour espérer qu'il ne sera jamais pratiqué [1]. »

[1] Voyez au POST-SCRIPTUM.

QUATRIÈME PARTIE

LE PERCEMENT.

—

CHAPITRE XVII

PLAN D'ATTAQUE DES TRAVAUX DE PERCEMENT. — DIFFICULTÉ DU RACCORDEMENT RECTILIGNE DE SECTIONS SOUTERRAINES D'UN LONG PARCOURS. — COUPLES DE PUITS JUMEAUX POUR TRANSFÉRER LES DIRECTIONS. — PUITS SOLITAIRES POUR MULTIPLIER LES POINTS D'ATTAQUE. — ÉRECTION D'ILOTS PROVISOIRES POUR LE FONCEMENT DES PUITS. — MATÉRIAUX DE LEUR CONSTRUCTION. — AVANTAGE DE CE SYSTÈME. — DIMENSIONS DES ILOTS. — DÉPENSE ET DURÉE DE LEUR CONSTRUCTION.

Les conditions diverses qui ont présidé au tracé du tunnel sous-marin étant résumées dans les documents qui précèdent, il importe d'aborder la question capitale de l'œuvre, le percement.

Après l'étude du terrain submergé que doit traverser le tunnel, la durée du percement est le plus sérieux, des faits concernant l'exécution. En effet, la question de temps subordonne la question de la dépense, qui s'accroît ou diminue en raison de cette durée, pendant laquelle des capitaux considérables peuvent demeurer plus ou moins longtemps improductifs. Il est en outre constant qu'une génération se montre d'autant plus empressée à entreprendre un grand ouvrage, qu'elle entrevoit la possibilité de l'achever et d'en jouir elle-même.

Assurément, si l'on ne devait mettre en œuvre pour cette grande création que les moyens isolés, employés dans les constructions

souterraines depuis le commencement du siècle, il ne faudrait
peut-être pas moins d'un quart de siècle pour la mener à fin. Mais
il convient de considérer l'ensemble de ces expédients comme une
école de tâtonnements que le génie de construction a dû traverser
pour arriver actuellement à des données pratiques fondées sur
l'emploi d'agents physiques et mécaniques plus puissants, plus
actifs et surtout plus précis que le bras de l'homme et la poudre de
mine, seuls procédés usités autrefois.

Pour aborder l'exécution d'une œuvre sans précédent par ses proportions, on ne peut se limiter aux moyens fournis par les pratiques antérieures. Il faut, devant la grandeur du but final, *invoquer
la synthèse de ces pratiques*, qui d'ailleurs ont constamment pro-
gressé, et *surexciter le génie des mines* pour des expédients en rapport avec les forces que l'état actuel de la science a mises à sa
disposition. Il faut surtout recourir à l'inépuisable sagacité des
intelligences modestes, mais pratiques par excellence, qui peuplent
l'atelier du mineur.

Deux conditions importantes paraissent dominer le projet. Ces
conditions sont :

Que la zone où doit s'opérer le percement du tunnel soit assez
profonde et assez ferme pour isoler l'œuvre de la mer, et la mettre à
l'abri de tout danger d'irruption ;

Que, néanmoins, cette zone ne soit pas assez profonde pour imposer au souterrain de fortes pentes qui en rendraient l'exploitation onéreuse.

Les deux puits de vérification dont nous indiquons l'utilité aux
deux rives du détroit, en éclairant cette double question, ne pourront fournir que la donnée générale de l'œuvre, donnée suffisante
pour en décider l'entreprise ; mais il ne sera possible d'adopter un
niveau définitif pour la ligne souterraine qu'après l'ouverture de

puits d'attaque intermédiaires foncés sur des îlots factices dans l'axe du détroit. Alors seulement, les terrains étant tâtés sur toute la ligne, on pourra faire subir au niveau du tunnel ses modifications finales.

La question de puits à la mer, posée par l'ingénieur Mathieu, reproduite par M. Favre, se présente comme le seul moyen de multiplier les points d'attaque, et d'abréger la durée du percement. Mais il ne faut pas se faire illusion sur la difficulté pratique de telles constructions, établies à nu en pleine onde. Ainsi conçues, elles seraient possibles peut-être par de faibles fonds, mais inexécutables par de grandes profondeurs. Il paraîtrait que l'ingénieur Mathieu proposait de couler dans la mer, par une manœuvre analogue à l'allégement des canons d'un vaisseau de haut bord, une colonne d'anneaux de fonte très-pesants, assemblés en sections partielles au moyen de boulons, formant une cheminée maintenue dans l'axe vertical par son propre poids, et consolidée sans doute à sa base par des enrochements. M. Favre a proposé aussi d'établir des cheminées en pleine onde, soit en tôle, soit en maçonnerie. On conçoit que ces expédients ingénieux soient praticables dans la masse liquide dormante d'un lac peu profond, et par cela même peu soulevé par une dangereuse agitation. Mais l'hydrographie générale des deux mers, et surtout l'hydrographie locale du détroit, ne permettent de supposer, à ces grandes profondeurs, ni l'érection, ni l'existence de semblables cheminées, sous l'action dynamique des courants de marées ; une mer sujette à l'oscillation verticale de la marée ne pouvant se traiter comme un lac.

Il faut donc recourir au seul moyen radical qui se présente naturellement, c'est-à-dire assimiler les points d'attaque en mer aux points d'attaque en terre ferme, en coulant dans l'axe même du détroit une série d'îlots d'enrochements, émergés à la marée haute, et sur lesquels il sera possible d'installer des ateliers, pour foncer, dans le solide, des puits de mine pourvus de cuvelages en fonte.

En d'autres termes, il s'agit de subdiviser provisoirement, et pour le besoin de la construction, *le large détroit de Douvres* en une série *de quatorze petits détroits*, au moyen d'îlots factices, distants entre eux de 3,000 mètres au plus; *ce qui réduit à 1,500 mètres la longueur de chaque atelier de percement.*

Par la création de ces îlots provisoires se trouvent resserrées, dans des limites pratiques, les questions d'étendue et de temps, dont il est permis de s'effrayer *à priori*, quand on considère l'entreprise dans sa donnée initiale, en dehors des moyens parcellaires d'exécution que nous proposons.

Tel est le procédé élémentaire auquel nous avons cru devoir nous arrêter dans notre plan d'attaque, moyen dispendieux sans doute, mais le seul qui nous paraisse réunir les conditions pratiques indispensables au succès le plus certain, le plus rapide, et partant le tion que nous plus économique.

Longtemps nous avons cherché la solution du percement en dehors de l'établissement de puits à la mer, dans la pensée qu'il pouvait être suffisant d'attaquer l'œuvre par quatre issues seulement, sur les deux rivages et dans deux ateliers dos à dos ouverts sur le Varne. La durée de l'opération nous semblait pouvoir être notablement abrégée, au moyen de machines à vapeur locomobiles, disposées pour l'attaque directe des roches par l'acier. La difficulté de l'aérage qui, dans une galerie de mine pourvue d'une seule issue, n'est guère directement transmissible au delà de 2,500 mètres, avec les appareils usités, pouvait se résoudre par l'établissement de ventilateurs de relai, situés de deux en deux kilomètres. La salubrité dans le travail pouvait donc, dans une certaine mesure, se garantir. Mais le danger dans les manœuvres, les difficultés pour l'épuisement et pour la circulation des matériaux, se compliquaient en raison de la longueur de ces profondes galeries. Aussi la donnée du percement du tunnel, dans ces conditions, faisait-elle reculer les plus hardis. Il fallut donc en étudier l'exécution dans des conditions plus pratiques.

A ces graves inconvénients s'ajoutait encore un obstacle non moins sérieux. C'était la difficulté, on peut même dire l'impossibilité absolue, dans de telles conditions, et en l'absence de repères transférés avec précision, de maintenir l'axe de l'œuvre dans l'azimut, et d'opérer le raccordement normal d'aussi longues galeries souterraines foncées à l'encontre, suivant des plans diversement inclinés.

Dans de très-courtes sections souterraines, munies de puits distants de 200 mètres, la plupart des constructeurs jugent utile, en vue d'un raccordement rectiligne subséquent, de procéder au foncement préalable et d'outre en outre de la galerie d'axe, quand ils sont dépourvus de repères directeurs suffisants. A quelles énormes déviations ne serait-on donc pas exposé, dans l'envoi de galeries d'un aussi long parcours que celle du tunnel sous-marin, si la direction de ces galeries n'était fournie qu'au moyen de deux repères transférés par le diamètre d'un puits isolé, et qui, en raison même de leur proximité, se confondent en un seul ?

Pour obvier à cet inconvénient, des mineurs connus par des travaux dans des terrains analogues, jugeant le massif que nous présentons assez solide, nous proposent d'ouvrir d'outre en outre la galerie d'axe, pour en opérer le redressement final avant le déblai à l'extrados et la construction, sauf à boiser dans les argiles, et à marger dans les passages aquifères. La notion que nous avons acquise de la nature des milieux, et qui nous inspire une grande confiance dans la solidité des terrains, ne nous permet pas néanmoins de partager cette opinion. En outre, cette expédient, s'il était possible, laisserait subsister tous les graves inconvénients signalés, sans résoudre la question de la durée qu'il faut abréger à tout prix. Nous pensons au contraire que la construction du revêtement final du tunnel doit suivre de près le percement, de telle sorte que le foncement de la galerie d'axe, le déblai du massif jusqu'au diamètre de l'extrados, et le revêtement par anneaux partiels seraient poursuivis sans délai simultanément.

Il importe donc de multiplier les points d'attaque, tant pour placer les ateliers dans des conditions plus pratiques, que pour transmettre au souterrain sa direction normale.

Nous n'entrevoyons pas d'autre procédé, pour transférer avec une précision rigoureuse l'inclinaison de l'œuvre et sa direction souterraine suivant l'azimut, que l'établissement combiné d'observatoires extérieurs et de *puits jumeaux* disposés par couples, foncés dans la masse solide d'îlots de roche préalablement coulés dans le détroit. Afin de donner à ces bases de transfèrement une assiette suffisamment étendue, capable de raccorder avec certitude les droites souterraines passant par ces observatoires, ce ne serait pas trop de porter à 1 kilomètre l'intervalle séparant ces puits jumeaux.

Il est nécessaire, dès le début de tout projet sérieux, de présenter un plan défini sur lequel puisse s'engager nettement la discussion. Nous n'avons d'autre but, dans ce premier jet de notre opinion individuelle, que de poser des jalons provisoires pour un plan d'attaque définitif qui résultera sans doute du concert d'hommes plus autorisés. C'est à ce point de vue que nous prions le lecteur d'accueillir avec indulgence celui que nous présentons.

Plusieurs couples de puits jumeaux, répartis dans le détroit, paraîtraient donc nécessaires pour l'établissement des bases souterraines, alignées extérieurement l'une par l'autre, dont nous venons de parler. Nous croyons devoir proposer de porter à cinq le nombre de ces couples de puits jumeaux, pour opérer sur cinq bases d'alignement distinctes, savoir : une au centre du détroit, deux dans le bassin anglais, et deux dans le bassin français. On conçoit que le nombre et la répartition de ces couples puissent varier en raison des modifications dont le plan d'attaque est lui-même susceptible.

Les puits jumeaux seraient reliés entre eux par une section souterraine d'un kilomètre (Voyez la carte et le diagramme, sections A′ C′ E′ F′ H′). Après l'achèvement de ces cinq sections, on posséderait ainsi, pour l'attaque générale du tunnel, cinq bases souterraines d'alignement, raccordées entre elles avec précision, au moyen des observatoires. Le prolongement rectiligne de ces bases permettrait de relier sur un axe inflexible, avec une certitude précise, toutes les sections du tunnel sous-marin.

Indépendamment des dix puits jumeaux formant les cinq couples directeurs, nous proposons d'établir trois autres puits solitaires B D G, au milieu des grands intervalles situés entre ces couples, pour diviser ces intervalles en sections de 3 kilomètres. En sorte qu'au moyen de ces treize puits et des deux puits côtiers, le percement du tunnel pourra être attaqué sur vingt-huit fronts différents. C'est ainsi que la longueur maxima des ateliers sera réduite à 1,500 mètres.

L'établissement des puits d'attaque est donc le point préjudiciel de la question du percement. Nous venons de nous prononcer sur la difficulté pratique d'ériger en pleine onde, par des profondeurs de 25 à 50 mètres, des cheminées en fer ou en maçonnerie, proposition introduite sans compter avec les lois dynamiques du milieu. Quelque temporaires qu'elles puissent être, ces voies d'accession doivent être installées dans des conditions de solidité telles qu'elles restent à l'abri d'accidents qu'une parcimonie mal entendue rendrait funestes aux travailleurs et à l'œuvre. Pour atteindre ce but, la méthode préférable sera, nous le répétons, celle qui assimilera la construction du tunnel sous-marin aux constructions faites en terre ferme, en l'isolant complétement de la mer.

Nous avons vu que cette condition était remplie par l'établissement d'îlots provisoires coulés dans l'axe du détroit, pour offrir un milieu solide au foncement des puits dont nous venons de parler. Il importe d'étudier la construction de ces îlots.

Nous avons supposé que l'étude préliminaire avait fait reconnaître la nécessité de créer cinq couples d'îlots directeurs (AA',CC',EE',FF', HH'). Nous avons en outre indiqué, pour diviser la longueur des sections, l'utilité de couler trois îlots solitaires (BDG), dont un (B) dans le fil même du thalweg, au point le plus profond du détroit.

Nous proposons de créer ces îlots en roches perdues, conglomérées suivant les lois indiquées par la nature, dans la proportion de deux tiers en volume de blocs de grès, emballés promiscûment dans un tiers d'argile. L'argile figure dans ce conglomérat rocheux comme simple emballage, et non comme succédané du ciment. La présence de cet emballage, complétement superflue à la périphérie du cône, a pour objet de remplir les vides de l'enrochement, de rendre le centre de l'îlot imperméable à la mer, pour le foncement ultérieur des puits, et en même temps d'assurer la stabilité générale du massif; effet qui n'est pas obtenu au même degré dans les digues en roches perdues dépourvues de tout emballage, pénétrées d'outre en outre par un milieu agité en permanence, et pour la consolidation desquelles on a dû recourir à une augmentation excessive dans le volume des blocs.

Nous sommes loin de prétendre qu'il soit certain, au moyen d'un semblable conglomérat construit en matériaux perdus dans la mer, d'obtenir les massifs de tous les îlots complétement étanches. Mais l'intervention de l'argile pour un tiers environ, et même pour moitié, au cœur de l'îlot, paraît devoir, sous l'énorme pression d'une telle masse d'enrochements, remplir assez complétement les interstices du massif pour réduire la présence de l'eau à de simples infiltrations indirectes. Ces infiltrations, que la bonne construction de l'îlot peut rendre insignifiantes, seront, si elles se présentent, plus faciles à maîtriser, sans aucun doute, dans le foncement des puits d'attaque, que ne le sont, pour l'ordinaire, les nappes courantes traversées pour le forage des bures d'épuisement pratiquées dans les houillères.

La figure 5 (pl. II) présente la coupe de ces treize îlots, dont les douze plus petits sont inscrits dans le plus grand, celui du thalweg. Ce sont des cônes tronqués, dont la section supérieure, émergée à 10 mètres au-dessus de l'étiage, offre un diamètre de 40 mètres. La direction des talus serait réglée sommairement par le plomb de sonde, sous une inclinaison générale de 35 degrés, et le diamètre des bases, subordonné à cette inclinaison, varierait pour chaque îlot, en raison des profondeurs, depuis 90 jusqu'à 224 mètres.

L'étendue de ces bases, l'inclinaison considérable des talus, et la stabilité produite dans la masse de l'œuvre, par l'interposition de l'argile, dispenseraient de la nécessité d'employer des blocs d'un volume excessif. Les plus gros blocs seraient coulés à la périphérie du cône et à l'estran de marée ; ceux de moindre dimension seraient versés à la base du massif. Si ces îlots étaient destinés à une durée permanente, il serait préférable, plutôt que d'augmenter le volume des blocs, ce qui accroît la dépense dans des proportions énormes, d'augmenter encore l'inclinaison des talus. Mais, au moyen de l'inclinaison proposée, il ne paraîtrait pas qu'il y ait à se préoccuper de la dégradation lente et partielle de ces talus, si la destination de ces îlots était circonscrite à un petit nombre d'années.

Les ouvrages à la mer construits au large ne sont pas plus exposés aux dégradations que les ouvrages situés sur le littoral. De même que ces derniers, et moins encore peut-être, ils n'ont rien à craindre ni de l'oscillation verticale de la marée qui tend à les consolider, ni des courants dérivés ; mais ils sont comme eux exposés aux effets des lames soulevées par l'impulsion des vents.

Les avaries éprouvées par les digues à la mer, à Portsmouth en 1817, à Saint-Jean-de-Luz en 1822, à Cherbourg et à Plymouth, dans les années 1824, 1829 et 1844, attestent la puissance de la force évulsive des lames, produite par l'agitation littorale. L'action de ces lames paraît s'exercer en raison inverse de la profondeur de la masse d'eau mise en agitation. Elle est moins grande à la haute mer, où elle s'affaiblit d'autant plus que la profondeur est plus grande. C'est pourquoi la partie inférieure des îlots factices pourra être coulée en matériaux d'un petit volume. Le volume et le poids de ces matériaux devront augmenter progressivement à mesure que l'œuvre s'élèvera au-dessus du fond. Il sera utile seulement d'établir des blocs de défense d'un gros volume, sur les accores des îlots, à l'estran de marée. On verra bientôt que la plage avoisinante en contient pour cet objet un assortiment des plus considérables, disposé dans les meilleures conditions pour l'embarquement.

Ces îlots constitueront temporairement pour la navigation des dangers isolés, apparents dans le jour, éclairés pendant la nuit. Après l'achèvement du tunnel, l'existence de ces îlots ne sera plus nécessaire à l'exploitation du monument, qu'il importe au contraire d'isoler complétement de ces voies d'accession, ouvertes pour le besoin de sa construction.

C'est alors qu'il y aura lieu de décider si l'intérêt de la navigation, le seul à consulter désormais, réclamera la conservation ou la destruction de ces îlots. Si l'on décide que leur conservation totale ou partielle est utile, on devra continuer de pourvoir à leur éclairage et à leur entretien. Si, au contraire, on préfère les supprimer, on devra, après avoir procédé à la restauration du sol sous-marin entamé par les puits, combler aussi la section de ces puits traversant la base des enrochements, et faire sauter par des chambres de mine à grande charge le sommet de ces îlots. Les îlots seraient par là rasés à 40 ou 45 pieds au-dessous du niveau de la basse mer. Par suite de cette mesure, les matériaux du sommet seraient répartis autour de la base, qui se trouverait ainsi reliée au fond naturel de la mer par une inclinaison beaucoup plus douce. Ces aspérités sous-marines seraient de la sorte aplanies à un tel point qu'elles ne pourraient plus guère, par les gros temps, causer d'intumescences locales dans le relief des lames à la surface de la mer (Voyez pl. II, *fig*. 5. MM).

Si l'on juge à propos de conserver une partie de ces îlots, il est à croire que l'on supprimera comme surperflus les cinq îlots (A, C', E, F', H') accouplés pour le foncement provisoire des puits jumeaux. Il resterait alors dans le détroit un système de sept îlots distants chacun de 4 kilomètres environ, savoir : quatre dans le canal français, entre Grinez et l'Etoile du Varne (A', B, C, D), et trois dans le canal anglais, entre le Varne et la pointe Eastware (F, G, H). Toujours est-il que, si l'on reconnaissait l'utilité de la suppression totale, elle ne pourrait avoir lieu que sous la réserve de l'îlot B (celui du thalweg) pour le cas spécial où le tracé ascendant dont nous avons parlé (page 54) serait adopté sous le Varne ; modification qui rejetterait l'écoulement des eaux du tunnel sous le thalweg même du détroit, et nécessiterait sur ce point une issue pour l'épuisement.

Par une coïncidence providentielle, il semble que la nature ait tenu en réserve les matériaux de ce travail d'enrochements dans les conditions de proximité, d'accès et d'économie les plus désirables. En effet, la plage française, depuis le creen d'Audrecelles jusqu'au creen de Grinez, et la plage anglaise, depuis Folkstone jusqu'à Cape-Point, contiennent, accumulés sur leurs grèves, d'innombrables blocs de grès indépendants, émergés à la basse mer et submergés à la marée haute, circonstance la plus favorable pour l'embarquement.

Dans la partie des îlots voisine de l'axe vertical du cône, et par cela même éloignée du contact de la mer, il sera possible de substituer aux grès, avec succès, des blocs de craie provenant de l'Abbots-Cliff et du cap Blanc-Nez, en vue de faciliter le percement ultérieur des puits. Nous avons vu au chapitre X que la consistance de cette craie compacte (n° 73 de l'*Écrin géologique*) est considérable, ce qui est confirmé par la résistance des blocs crayeux de l'Eastware-Point, étalés sur l'estran de la basse mer. Les frais d'exploitation de cette craie seraient presque nuls, vu la situation des falaises crayeuses s'élevant à pic sur la plage même, ce qui permet, au moyen de quelques coups de mine, d'en abattre des masses énormes sur la grève d'embarquement.

La plupart des blocs de grès indépendants accumulés sur les plages, d'un volume inférieur à 2 mètres cubes, sont, vu l'inclinaison des grèves, faciles à embarquer en contre-bas sur des radeaux ou des prames. Ceux qu'un volume supérieur, variant de 2 à 6 mètres, rend moins faciles à manœuvrer, peuvent être éclatés par un coup de mine.

Pour conglomérer ces roches, l'argile de Kimmeridge, dans la falaise de Grinez, et l'argile de Folkstone, dans leurs gisements contigus aux blocs de grès, présentent les mêmes facilités pour l'embarquement.

L'embarquement des blocs et de l'argile pourra se faire séparément ou simultanément, suivant la méthode qui sera jugée préférable. La présence de l'argile et des grès à tous les ateliers d'embarquement permettra de les charger ensemble sur les mêmes embarcations, dans la proportion voulue, en sorte que la répartition de ces matériaux par chaque cargaison en assurera également la répartition dans le massif des îlots.

En raison de la disposition naturelle de ces matériaux, pour lesquels les frais d'exploitation sont presque nuls, nous évaluons ainsi le maximum du prix de leur mouvement par mètre cube, depuis la place qu'ils occupent sur la grève jusqu'à celle qu'ils doivent occuper dans les îlots.

Embarquement en contre-bas des blocs de grès.	2 fr.
Remorquage des radeaux et des prames.	2
Déchargement des blocs et de l'argile sur les îlots.	1
Total.	5 fr.

Le système proposé de puits jumeaux foncés dans le solide, sur îlots factices, a l'inconvénient d'être très-coûteux. La dépense de leur établissement, suivant les données de notre plan, entre pour un cinquième dans les frais de construction du tunnel, soit environ 700 francs par chaque mètre courant du souterrain, dont la dépense totale est évaluée à 3,400 francs le mètre. Mais ce procédé a l'avantage de réduire la longueur des ateliers et de circonscrire dans des proportions pratiques la durée du percement qui, prolongée outre mesure, deviendrait ruineuse par l'improductivité des capitaux engagés. En multipliant les points d'attaque, il permet de reconnaître, partout à la fois, la nature du massif submergé, de transférer avec certitude les directions au monument, et d'occuper simultanément les quatorze sections par vingt-huit ateliers d'attaque. En outre, il réduit les chances d'accidents de toute nature, et paraît satisfaire encore, nonobstant son prix élevé, aux meilleures conditions dictées par la prudence et l'économie.

Le sommet de ces îlots (Pl. II, *fig*. 5) est élevé de 10 mètres au-dessus de la basse mer. La superficie émergée de chaque îlot varie dans les proportions suivantes :

	Diamètre de l'îlot.	Superficie.
A la couronne.	40 mètres.	12 ares.
A la marée haute. . . .	55 mètres.	24 ares.
A la basse mer.	70 mètres.	38 ares.

Au centre de chaque îlot sera installée une construction à l'épreuve des intempéries, contenant l'atelier extérieur du puits. Ce puits sera foncé dans l'axe vertical du cône et pourvu d'un cuvelage en fonte. Cette opération s'exécutera ainsi dans des conditions identiques à celles des puits du littoral. Au-dessus de l'orifice du puits s'élèvera l'observatoire de transmission, supportant lui-même un pharillon réflecteur.

Le tableau suivant indique le volume en mètres cubes et la dépense de l'érection de chacun des treize îlots, aux diverses profondeurs.

	Profondeur sous l'étiage.	Volume.	Dépense à 5 fr. le m. c.
Ilot A	37 mètres.	397,150 mètres cubes	1,985,750
Ilot A'	40 —	476,000 —	2,380,000
Ilot B (thâlweg)	57 —	1,069,320 —	5,346,600
Ilot C	50 —	706,800 —	3,534,000
Ilot C'	48 —	643,800 —	3,219,000
Ilot D	26 —	221,760 —	1,108,800
Ilot E	16 —	113,620 —	568,100
Ilot E' (Varne)	8 —	57,600 —	288,000
Ilot F	29 —	261,440 —	1,307,200
Ilot F'	26 —	221,760 —	1,108,800
Ilot G	23 —	192,390 —	961,950
Ilot H	27 —	236,760 —	1,183,950
Ilot H'	18 —	133,000 —	665,000
Totaux. . . .		4,731,430 —	23,657,150 fr.

L'érection des îlots provisoires pourra être entreprise simultanément. On voit par le tableau précédent que le cube à mouvoir
pour ce travail consiste en 4,730,000 mètres cubes, répartis sur
treize îlots à la mer, soit en moyenne 360,000 mètres cubes
par îlot.

Nous avons à dessein forcé sensiblement l'évaluation de ces dépenses d'enrochement. Nous pensons que, moyennant cette dépense, il serait possible de couler une masse d'enrochements assez
considérable pour élargir les bases des îlots au point d'abaisser
l'inclinaison des talus jusqu'à **27°**.

Les ateliers d'embarquement présentent, tant en France qu'en
Angleterre, sur deux lignes continues, des fronts d'accession illi-
mités. En sorte que les travaux de ces enrochements pourront être
attaqués partout à la fois et conduits avec une grande activité. En
limitant ce travail à 140 mètres cubes par jour pour chaque îlot,
on obtiendrait un mouvement général quotidien de 1,800
mètres.

D'après cette donnée il faudrait, pour l'achèvement complet des
treize îlots, deux cents jours de travail, ce qui correspond en effet,
d'après nos relevés locaux, au nombre approximatif de jours de
beau temps observé dans le cours d'une année.

Dans les jours où le mauvais état de la mer entraînerait le chô-
mage de la navigation, le travail des ouvriers serait utilisé aux
souterrains d'accession contigus au rivage, tant en Angleterre qu'en
France.

CHAPITRE XVIII

Nous venons de calculer que l'érection des îlots et le foncement des puits, premier acte du percement, absorberont tout le travail de la première année. Le massif submergé étant alors exploré sur quinze points différents de la ligne sous-marine, la notion du terrain sera suffisamment acquise pour le règlement définitif des niveaux et des rampes du tunnel sous-marin. C'est alors qu'il y aura lieu de décider toutes les modifications qui devront être faites au tracé initial du profil, et dont nous avons déjà fait pressentir deux, dans les précédents chapitres, savoir : celle qui abaisse la ligne du tunnel, aux abords de l'Angleterre, pour rejeter l'attaque des grès verts hors du détroit, et celle qui consiste à relever le tracé dans le centre du détroit, pour permettre aux waggons de monter sur les quais de l'Étoile du Varne. Cela fait, on procédera à l'ouverture des cinq sections directrices A'C'E'F'H', reliant les puits jumeaux, et destinées à transférer les directions souterraines dans toutes les sections de la ligne. Ces sections directrices ayant un kilomètre de longueur, chaque atelier d'attaque aura une part de 500 mètres à percer pour rejoindre l'atelier marchant à l'encontre.

Conjointement avec les moyens manuels usités dans les mines, il sera opportun d'utiliser des appareils à vapeur pour l'attaque par l'acier des agrégats oolithiques les plus résistants, si l'expérience démontre que ces engins réalisent le double résultat d'une besogne moins coûteuse et plus expéditive. La vapeur est moins coûteuse, plus docile et plus salubre que la poudre de mine. Ce sera l'occasion d'appeler à un concours d'épreuve toutes les machines proposées dans ce but, afin de mettre le génie mécanique de notre époque en demeure de discipliner ses forces pour cette grande création [1].

Nous estimons qu'il est possible, sans demander aux forces mécaniques un effort excessif, de percer en une année les 500 mètres de chaque atelier dans les cinq sections directrices, à raison de $1^m,30$ par jour de vingt-quatre heures, au moyen d'un avancement de $0^m,05$ (deux pouces anglais) par heure.

A la fin de la deuxième année, les cinq sections directrices (A′C′E′F′H′) étant terminées, tout sera disposé pour l'attaque générale des travaux dans les neuf grandes sections du tunnel (A B C D E F G H H″).

La longueur de chacune de ces neuf sections étant de 3,000 mètres, chacun des dix-huit ateliers marchant à l'encontre aura 1,500 mètres à percer pour sa part. *Par suite des dispositions qui précèdent, c'est donc à l'ouverture d'une galerie de quinze cents mètres que se réduit désormais le problème du percement du tunnel sous-marin.*

En admettant la même moyenne d'avancement que pour les cinq sections directrices, soit 500 mètres par an, l'achèvement de ces neuf grandes sections serait opéré en trois ans.

---

[1] Déjà, depuis que nous avons écrit ces lignes, l'expérience a prononcé, par des épreuves concluantes, en faveur des engins mécaniques. Voyez à l'Appendice la note 5 : *Renseignements sur quelques machines propres à percer les galeries souterraines.* Cette note, remise depuis notre mémoire, sur la demande de la Commission officielle, peut être regardée comme un supplément au présent chapitre.

Mais pour faire la part des mécomptes résultant de l'inégalité d'avancement dans les diverses natures de terrains, et pour laisser une latitude suffisante au raccordement général de l'œuvre, il convient de réduire d'un quart la prévision moyenne de cet avancement, (soit 1 mètre par jour), et de porter ainsi à quatre ans, au lieu de trois, la durée probable du percement des neuf grandes sections.

En sorte que, selon nos calculs, les trois opérations distinctes pour la création du tunnel sous-marin se résumeraient ainsi :

PREMIÈRE ANNÉE :

Construction des treize îlots et foncement des puits;

DEUXIÈME ANNÉE :

Percement des cinq sections directrices;

TROISIÈME, QUATRIÈME, CINQUIÈME ET SIXIÈME ANNÉES :

Percement des neuf grandes sections du tunnel;

Ce qui porte à six ans nos prévisions pour l'achèvement complet de l'œuvre.

Certes, au début des longs tâtonnements qui nous ont enfin conduit à coordonner sérieusement cette étude, nous étions loin d'entrevoir la possibilité d'une aussi prompte exécution. Mais à mesure que nous avons acquis une notion plus exacte de l'état physique des milieux, la comparaison générale et locale des travaux qui s'accomplissent dans les mines nous a enhardis, et, forts du suffrage d'hommes vieillis dans la pratique des travaux souterrains, nous nous sommes crus successivement autorisés à émettre une opinion plus affirmative.

L'exécution du tunnel donnera lieu à un mouvement de matériaux très-considérable, tant au déblai qu'à la construction.

Le diamètre du massif à déblayer jusqu'à l'extrados étant de 11 mètres, et la longueur du tunnel 33 kilomètres, on voit que le volume extrait par le percement est de 3,000,000 de mètres cubes.

Le volume des matériaux employés en bâtisse dans la construction du tunnel est de 1,250,000 mètres cubes, savoir :

Le revêtement annulaire en moellons appareillés, à raison d'un mètre d'épaisseur (au diamètre de 9 mètres dans œuvre), sur 33 kilomètres. 990,000 m. c.
Le massif de la voie et les banquettes latérales. 260,000

Total de la bâtisse dans le tunnel. . . 1,250,000 m. c.

Nous proposons, pour le revêtement du tunnel en moellons appareillés, la pierre de steinkalk du Haut-Banc, comme étant, pour les constructions de toute nature, le plus solide et le plus résistant des agrégats connus, à l'exclusion même du granit.

Le steinkalk du Haut-Banc est un étage de calcaire carbonifère compacte, entièrement adélogène, à cassure conchoïdale, dont on peut voir les extraits à l'*Écrin géologique* (n°s 9 à 15) [1]. Ses affleurements présentent leurs coupes profondes dans les berges de la *Vallée-heureuse*, près de Marquise, et sont traversés par notre tracé (division II, de Marquise à Calais) ; de sorte que cette pierre présente, indépendamment de sa qualité éprouvée et incontestable, le double avantage d'une proximité immédiate et d'une accession directe, au moyen du chemin de fer qui la prend à la carrière même, et la conduit à pied d'œuvre, circonstance la plus économique qu'il soit possible de désirer. Les qualités de ces pierres sont telles qu'il est très-probable qu'après l'ouverture du chemin de fer projeté sur ces

[1] Le *steinkalk* (pierre calcaire), suivant d'autres stink-kalk (calcaire puant), *steinkalk rouge*, doit sa teinte violacée à la présence du manganèse dans sa pâte. A une époque de notre jeunesse où, nous occupant de minérallurgie, nous avions entrepris la vérification des expériences de Pott sur la fusibilité des roches, nous obtînmes de ce calcaire une fritte vitreuse rosée, adhérente au creuset. Ayant présenté cette fritte à Barruel aîné, qui avait été notre maître de manipulation, le célèbre praticien en obtint à la coupelle une perle de manganèse réduit.

carrières, il en serait expédié de grandes quantités par cette voie, pour les villes voisines, en France et en Angleterre. On peut en dire autant de l'oolithe blanche de Marquise.

Le gisement important du steinkalk mérite un instant d'examen, au point de vue de son emploi pour le revêtement du tunnel.

Le calcaire carbonifère du Haut-Banc se compose de trois zones distinctes.

La zone supérieure, dite *banc de déblai* (n° 14 de l'*Écrin géologique*), consiste en nombreuses et minces assises, de 0^m,20 à 0^m,30, formant une épaisseur totale de 8 mètres, dont les interstices sont pénétrés par l'oxyde rouge de fer. La roche de cet étage est employée comme moellons à bâtir, pierre à chaux grasse, castine, empierrements de routes et perrés dans les ports.

La zone intermédiaire (n° 13 de l'*Écrin*), qui a 12 mètres d'épaisseur, est formée d'assises minces comme la précédente, et exploitée pour dalles et pavés; mais les joints de lit sont plus nets et plus vifs qu'au banc supérieur, et par cela même plus aptes à prendre le ciment.

La zone inférieure, dite *banc rouge, steinkalk rouge* (n°s 9 et 12 de l'*Écrin*), a 18 mètres d'épaisseur en banc continu, et est exploitée dans la masse comme pierre de taille renommée. C'est un calcaire monumental. La partie inférieure de ce banc passe au marbre zonaire, dit *banc rubané, marbre Henriette* (n° 11 de l'*Écrin*). La carrière Napoléon, d'où l'on a tiré le marbre blanc compacte pour la colonne de la grande armée, près Boulogne, les carrières Vatel et Lunel, situées à Leulinghen, et qui figurent en extrait à notre *Écrin géologique* (n° 15), rentrent dans le système du Haut-Banc.

C'est dans la zone moyenne du Haut-Banc (n° 13 de l'*Écrin*) que nous proposons de puiser les moellons d'échantillon pour le revêtement du tunnel sous-marin. Malgré leur grande dureté, la régularité parfaite des assises en rend l'épinçage et l'appareillement très-faciles. Les pierres de taille seront fournies par la zone inférieure du Haut-Banc, dite *steinkalk rouge* (n⁰ˢ 9 et 12 de *l'Écrin*).

Pour le ciment, nous proposons :

Les calcaires oolithiques argileux des étages kimméridien et oxfordien (n⁰ˢ 29, 38, 39, 40, 41 et 42 de *l'Écrin*), dont le gisement est dans le massif de Grinez, et qui sont propres à la chaux hydraulique et au ciment romain ;

Enfin, les sables portlandiens appartenant au même étage.

Tels sont les matériaux qui nous ont paru réaliser les meilleures conditions de solidité, de proximité et d'économie.

CHAPITRE XIX

Après avoir étudié les moyens d'attaque, multipliés et puissants,
pour entreprendre avec énergie le percement, calculé la durée probable de ce travail, et indiqué les meilleurs matériaux pour sa construction, il convient de présenter un état sommaire de la dépense,
toujours sous réserve des modifications à intervenir, par suite de
lumières nouvelles.

Voie sous-marine.

Erection de treize îlots, selon le tableau détaillé précédem-
ment (chap. XVII), 4,730,000 mètres cubes à 5 fr. . . . . .   23,650,000 fr.

Treize puits d'attaque foncés dans les îlots et le massif
submergé, formant ensemble une longueur totale de 990 mètres courants de puits, pourvus de cuvelages en fonte, à raison
de 1,000 francs par mètre courant. . . . .   990,000 fr.

Treize ateliers et observatoires sur les îlots, à 50,000 francs
chaque. . . . .   650,000 fr.

Percement de la galerie d'axe, fouille du massif à l'extrados,
aérage des galeries, épuisement, transport et ascension des
déblais jusqu'à la mer : 93 mètres cubes par mètre courant,
à 9 francs le mètre cube; soit par mètre courant 840 francs
pour l'extraction seulement, et pour 33 kilomètres. . . . . .   27,720,000 fr.

Bâtisse des anneaux de revêtement, en moellons appareillés :
30 mètres cubes par mètre courant, à 50 francs par mètre
cube; soit par mètre courant 1,500 francs pour la voûte
seulement, et pour 33 kilomètres. . . . .   49,500,000 fr.

Maçonnerie et blocage du massif de la voie, conduit d'as-

A reporter. . . . .   102,510,000 fr.

| | Report. . . . . | 102,510,000 fr. |

sainissement, banquettes latérales, et pose de la voie : 300 fr. par mètre courant, et pour 33 kilomètres. . . . . 9,990,000 fr.

Total des dépenses pour la voie sous-marine. . . . . 112,500,000 fr.

Voies d'accession.

Les deux souterrains d'accession, en Angleterre et en France (divisions VII et III), ont ensemble un parcours de 14,300 mètres, qui, à raison de 1,500 fr. par mètre, coûteront 21,450,000 fr.

Embranchements.

Les deux divisions d'embranchement (I et II) de Boulogne à Calais, dont le parcours réuni est de 33,500 mètres, coûteront, à raison de 300 fr. par kilomètre. . . . . 10,050,000 fr.

Stations.

La dépense pour l'établissement des stations est prévue comme il suit :

Stations à niveau.

Douvres.	350,000 fr.		
Boulogne.	500,000		
Marquise.	300,000	1,300,000	
Guines.	50,000		
Embranchement sur Calais.	100,000		12,000,000 fr.

Stations maritimes.

Grinez.	1,500,000 fr.		
Varne.	8,000,000	10,700,000	
Eastware.	1,200,000		

Matériel de l'exploitation. . . . . 8,000,000 fr.

Administration.

Frais généraux d'administration pendant six ans, à raison d'un million par an. . . . . 6,000,000 fr.

Total. . . . . 170,000,000 fr.

Résumé des dépenses.

Voie sous-marine.	112,500,000 fr.
Voies d'accession.	21,450,000
Embranchements	10,050,000
Stations.	12,000,000
Matériel d'exploitation.	8,000,000
Administration.	6,000,000
Ensemble.	170,000,000 fr.

Il faut remarquer que le percement et la construction des 33 kilomètres de tunnel sous-marin sont ici évalués à 3,400 fr. par mètre courant, dépense triple du prix des tunnels actuellement en construction sur le continent.

Il y a toute probabilité qu'un tel chiffre, dépassé peut-être sur certains points de la ligne souterraine, ne sera pas atteint en moyenne générale; mais nous croyons prudent néanmoins d'en présumer l'emploi, pour parer à toutes les éventualités, en raison des dépenses nécessaires pour les appareils d'extraction, d'épuisement et d'aérage, en raison surtout du transport des matériaux sous de longues galeries et des frais considérables de navigation, pour coordonner et servir incessamment l'ensemble d'un travail dont presque tous les ateliers sont à la mer.

Ici se termine l'exposé de la partie technique de cette étude, exposé à la vérité bien sommaire, mais suffisant pour en faciliter l'intelligence. Les déductions tirées des faits par nous observés demandent à être sérieusement débattues dans la discussion publique que notre mémoire a pour objet de provoquer, et qui, dans ce temps-ci, est le correctif nécessaire des appréciations personnelles. L'opinion d'un homme d'atelier, quelque vieilli qu'il puisse être au contact de la matière, est toujours d'une faible autorité quand elle ne se recommande par aucune création antérieure. Nous sommes convaincus que les gouvernements intéressés continueront, par des travaux de vérification souterraine, une œuvre jusqu'à présent restreinte à un effort individuel. Nous sommes donc tenus, dans nos appréciations, à la plus grande réserve, jusqu'à ce que les travaux de vérification attendus, en fournissant des lumières complètes sur la structure physiologique du détroit, aient confirmé ou modifié les données exposées dans notre mémoire, et qui ont servi de base aux calculs que nous présentons.

CINQUIÈME PARTIE

LA CIRCULATION.

—

CHAPITRE XX

EXAMEN DE LA CIRCULATION INTERNATIONALE. — DÉVELOPPEMENT LIMITÉ DES ANCIENS RAPPORTS ENTRE LA FRANCE ET L'ANGLETERRE. — INTERRUPTION COMPLÈTE DE CES RAPPORTS PENDANT LA GUERRE DE LA RÉVOLUTION. — COUP D'ŒIL CURIEUX SUR L'AUGMENTATION PROGRESSIVE DE CES RELATIONS DEPUIS LA PAIX DE 1815. — L'ACCROISSEMENT DE LA CIRCULATION A ÉTÉ PROPORTIONNEL AU PROGRÈS DANS LES INSTRUMENTS DE TRANSPORT. — CHIFFRE DE LA CIRCULATION ACTUELLE. — PROPORTION DES VOYAGEURS ANGLAIS ET CONTINENTAUX, DANS L'ENSEMBLE DE LA CIRCULATION. — TARIF PROPOSÉ POUR LES SECTIONS DE LA VOIE DE JONCTION. — NOMBRE DE TRAINS NÉCESSAIRES AU SERVICE DU TUNNEL. — COMMENT CE SERVICE EST EXTENSIBLE A UN MOUVEMENT BEAUCOUP PLUS CONSIDÉRABLE. — APERÇU DES PRODUITS PRÉSUMÉS DU TUNNEL. — L'INDUCTION DES DONNÉES GÉNÉRALES ET LOCALES FAIT PRESSENTIR UN ACCROISSEMENT CONTINU DE CIRCULATION.

Les rapports résultant du voisinage de la France et de l'Angleterre, souvent troublés par des guerres de rivalité nationale, étaient très-restreints à la fin du dernier siècle. La grande guerre de la Révolution, qui dura plus d'une génération et se termina en 1815, fit cesser complétement pendant vingt années les relations nationales et individuelles qui avaient existé entre les deux peuples.

Le rétablissement de la paix en 1815 renoua le fil de ces rapports perdus. Les deux nations préludèrent alors, mais d'abord avec lenteur, au mouvement d'expansion industrielle dont nous sommes actuellement témoins. Les relations se développèrent en raison de ce mouvement. Il ne fallait pas moins de six jours pour le trajet de Londres à Paris, et la circulation entre l'Angleterre et le continent, au moyen de diligences et de paquebots voiliers, pendant la période de 1820 à 1830, ne dépassait pas 80,000 voyageurs par an.

L'établissement des services réguliers de paquebots à vapeur, dans les douze années qui suivirent leur apparition, accrut successivement cette circulation jusqu'à 350,000 voyageurs par an.

L'achèvement des lignes de chemins de fer a presque triplé ce dernier chiffre, en déterminant une circulation progressive qui dépasse actuellement un million de voyageurs par an.

L'avenir seul apprendra quel accroissement peut produire l'ouverture d'une voie ferme de jonction entre la grande île et le continent.

La circulation entre les ports d'Angleterre et un front de littoral prolongé de Cherbourg à La Haye, front dont le tunnel sous-marin occupe le centre, présente un va-et-vient s'élevant à 1,046,000 voyageurs par an, suivant les états locaux et séparés que nous avons recueillis. Le chemin de fer du Nord dessert seul près des deux tiers de ce mouvement (630,000 voyageurs) par ses trois ports de passage, dont le plus important est Boulogne; puis vient Dunkerque, et au troisième rang Calais. Le reste est réparti entre les ports des chemins de fer de l'Ouest et ceux de Belgique et de la Hollande [1].

---

[1] Nous nous empressons de rendre témoignage de la bienveillance que M. Petiet, chef de l'exploitation du chemin de fer du Nord, et M. de La Peyrière. directeur des chemins de fer de l'Ouest, ont apportée à nous communiquer les documents recueillis dans les bureaux de statistique de leurs administrations sur la circulation des voyageurs et le trafic entre la France et l'Angleterre. C'est au moyen de ces renseignements, complétés par des relevés locaux dans les ports de mer pour les voyageurs et les marchandises qui échappent au contrôle de ces compagnies, que nous sommes parvenus à établir le chiffre de la circulation actuelle.

Nous avons recherché le rapport numérique existant, dans ce mouvement de circulation, entre les voyageurs anglais et les voyageurs continentaux. Nous n'avons pu recueillir à cet égard que des renseignements restreints aux deux localités de Dunkerque et Calais. D'après cet aperçu, que nous ne donnons que sous réserve, il y aurait eu, dans les années qui ont précédé 1845 :

$$\text{Sur 100 voyageurs.} \ldots \begin{cases} \text{86 Anglais.} \\ \text{14 continentaux.} \end{cases}$$

Dans les dix années postérieures à 1845 :

$$\text{Sur 100 voyageurs.} \ldots \begin{cases} \text{76 Anglais.} \\ \text{24 continentaux.} \end{cases}$$

Il résulte de cette appréciation, si elle est exacte, ou seulement approximative, que, dans l'accroissement de circulation, les voyageurs continentaux allant en Angleterre fourniraient un contingent relatif plus considérable que dans le passé, par suite d'une locomotion plus active, résultat d'un grand intérêt, au point de vue des relations internationales.

Pour répondre à une curiosité d'ailleurs légitime, nous avons dû rechercher, au point de vue de l'utilité financière, quel pourrait être le produit de cette circulation, avec un tarif spécial justifié moins par le service rendu au public que par les dépenses considérables d'établissement. Nous ne donnons ces chiffres qu'avec une grande réserve, et seulement comme un point de départ modifiable par des appréciations ultérieures.

En admettant un tarif moyen spécial basé, pour le parcours sous-marin, sur le triple environ du prix admis pour les chemins de fer à ciel ouvert, tarif néanmoins inférieur d'un quart au prix actuel des bateaux de passage, la recette se subdiviserait ainsi :

Trajet du tunnel sous-marin. . . . .   7 fr. » c

des deux souterrains d'accession.   2   »

de la section de Boulogne.   1   25

de la section de Calais.   1   75

La recette individuelle monterait à. . . . .   12 fr. » c.

par voyageur, sur les 80 kilomètres de la ligne.

Pour laisser une part à la circulation au moyen des paquebots, laquelle, sur certains points, pourra survivre utilement à l'ouverture du tunnel, nous croyons devoir réduire d'un quart, dans nos calculs, le chiffre des voyageurs, ainsi que le poids correspondant des bagages et des messageries. Il en résultera une première base d'évaluation des recettes du chemin de fer sous-marin, fournie par le tableau suivant :

Voyageurs : 800,000 à 12 fr.   9,600,000

Excédant de bagages : 12,000 tonnes à 100 fr.   1,200,000

Articles de messagerie : 80,000 tonnes à 80 fr.   6,400,000

Grosses marchandises à petite vitesse : 750,000 tonnes à 12 fr.   9,000,000

Total des recettes présumées.   26,200,000

La décomposition du tableau précédent donne pour le tunnel un mouvement quotidien de :

1,096 voyageurs partant d'Angleterre,

et 1,096 voyageurs partant de France.

Ensemble 2,192 voyageurs par jour, répartis :

en 5 trains venant d'Angleterre,

et 5 trains venant de France,

Ensemble. . . 10 trains croisés de 10 waggons chaque, portant par train 220 voyageurs et leurs bagages.

Avec une telle disposition, en affectant les douze heures de nuit au transport des grosses marchandises, et en réservant pour le service des voyageurs les douze heures de jour seulement, les cinq trains défilant dans le même sens ne passeraient successivement sous le tunnel qu'à des intervalles de deux heures douze minutes.

C'est une traction moyenne très-légère et très-distancée. On voit que ce même nombre de trains pourrait, au moyen d'une plus forte charge, entraîner le double de voyageurs, soit 1,600,000 personnes par an.

On voit aussi que ce mouvement de cinq trains, circulant dans le même sens, pourrait, sans aucun inconvénient, être porté au double; auquel cas dix trains défilant en douze heures dans le tunnel sur chaque voie, à une heure six minutes d'intervalle, entraîneraient 3,200,000 voyageurs par an, quantité quadruple de la circulation actuelle.

Cet aperçu est précieux, en démontrant que la circulation sur cette voie pourra s'exercer sans encombrement et varier, pour toutes les éventualités, entre les deux données extrêmes d'un grand ralentissement et d'un grand accroissement. Un redoublement de circulation peut être souvent motivé par des circonstances solennelles si fréquentes à Londres et à Paris, occasions pour lesquelles un abaissement spécial du tarif permettra d'entraîner un nombre prodigieux de voyageurs.

La circulation des grosses marchandises à petite vitesse peut participer à la même latitude. En la limitant à 750,000 tonnes par an, soit 2,000 tonnes transportées pendant douze heures de nuit, elle pourra s'opérer aussi par une répartition moyenne de cinq trains de 200 tonnes sur chaque voie, défilant à des intervalles de deux heures douze minutes. On peut mesurer facilement quelle marge considérable cette circulation pourra atteindre, soit qu'elle incline plus particulièrement à s'exercer dans un seul sens, soit qu'elle se développe bien au delà des prévisions actuelles.

On a vu qu'au moyen du tarif proposé et du mouvement de circulation indiqué ci-dessus, les recettes présumées montaient à. . . . . .   26,000,000 fr.

En raison du produit considérable d'une recette élevée sur le parcours sous-marin, les dépenses annuelles d'exploitation ne peuvent, dans aucun cas, eu égard au peu d'étendue de la ligne, dépasser 20 pour 0/0 de la recette brute, proportion correspondant à 50 pour 0/0 de la recette des chemins de fer ordinaires, soit. . . . .   5,500,000 fr.

ce qui donnerait un produit net de. . . . .   20,500,000 fr.

Cette évaluation, basée sur le mouvement actuel des ports de mer desservis par dix lignes régulières de paquebots, et sur la probabilité d'un accroissement immédiat en faveur de cette voie nouvelle, loin d'être exagérée, est destinée à éprouver le sort de toutes celles qui ont été faites dans les avant-projets de chemins de fer traversant des contrées riches et populeuses : évaluations qui toutes, sans exception, ont été dépassées, dans une très-forte proportion, dès que le nouveau courant commercial a été établi. On ne saurait calculer la limite du développement probable de la circulation, quand les voyageurs pourront *franchir le détroit en vingt-cinq minutes,* et se rendre, *dans la même voiture, de Paris à Londres en six heures.* On verra alors les waggons anglais sillonner les diverses lignes de la France et de l'Europe, et les trains français se répandre en Angleterre dans toutes les directions. Il est impossible d'évaluer la masse énorme des marchandises qui seront dirigées par ce défilé pour aller, *directement et sans rompre charge,* des sources de production à leur destination finale.

Mais ce qui est dès à présent appréciable et par-dessus tout déterminant, au point de vue du progrès moral, c'est le résultat déjà constaté aux Expositions universelles de Londres et Paris : la chute éclatante des préventions nationales, par le contact pacifique des populations.

SIXIÈME PARTIE

MOYENS FINANCIERS.

—

CHAPITRE XXI

UTILITÉ D'ISOLER DU CONTACT DE LA SPÉCULATION L'ÉTUDE DES OEUVRES SÉ-
RIEUSES. — COOPÉRATION DES GOUVERNEMENTS ET DE L'INDUSTRIE PRIVÉE. —
RÉPARTITION DES DÉPENSES ENTRE LES DEUX PAYS. — TABLEAU DES CHARGES
AFFÉRENTES A CHAQUE GOUVERNEMENT.

Comment pourvoir aux dépenses de la création du tunnel sous-
marin? La réponse à cette question rentre dans un ordre d'idées
étranger à la phase actuelle de notre étude; aussi ne ferons-nous
qu'effleurer ce sujet. Beaucoup de projets de grandes entreprises
ont été présentés, préalablement à toute étude, mais non sans
aplomb, par des spéculateurs sollicitant la coopération financière
du public par l'appât d'un gain imaginaire. De là tant de mécomptes. Assurément, à cette époque de fièvre industrielle, le tunnel sous-marin a dû tenter l'âpreté des spéculateurs, et on comprien-
dra qu'il ait été l'objet d'un certain nombre de propositions de ce
genre, faites prématurément. Il y aurait un danger réel, danger
funeste au succès même de l'œuvre, à laisser l'industrie privée se
lancer dans une telle entreprise avant que des investigations plus
complètes n'en aient préalablement éclairé la portée. Ce danger
pourra disparaître alors seulement que la coopération des gouvernements aura donné à ce projet l'autorité d'une large sanction ex-

périmentale. Quant à nous, considérant la question financière
comme un fait subordonné, nous avons eu à cœur de conserver à
notre projet son caractère sérieux. Notre devoir est, avant tout,
d'attirer l'examen des gouvernements intéressés sur son utilité et
sa condition technique. Ces gouvernements feront le reste, suivant
leurs traditions et l'occurrence du fait spécial; nous ne pensons pas
qu'il soit bienséant de présenter au public une telle entreprise en
dehors de leur patronage préalable et de leur coopération directe.
Nous avons dressé, sous toutes réserves, le tableau des dépenses
générales de l'œuvre, et celui des produits probables de la circulation. Il nous paraît donc convenable, pour compléter la donnée
du projet, mais toujours avec la même réserve, de consacrer une
page à l'exposé des moyens financiers propres à assurer l'exécution du tunnel.

Il ne nous appartient pas de nous prononcer sur la question de
savoir s'il est plus avantageux pour les deux pays que la création
du tunnel soit entreprise directement par les gouvernements intéressés ou par l'industrie privée. Notre désir est qu'une œuvre à
l'étude de laquelle nous avons dévoué toutes nos facultés s'accom-
plisse, n'importe par quel organe. L'opportunité d'associer les forces
fiduciaires de l'Angleterre et de la France, pour l'entreprise de ce
grand travail, paraît découler des faits généraux de notre temps;
mais cette question ne peut être élucidée, ce nous semble, que par
une discussion publique provoquée de tous nos vœux. Nous nous
bornerons donc à présenter,'ainsi que nous l'avons fait pour l'évaluation des dépenses et des revenus, un état succinct de la répartition des charges entre les deux pays, pendant la durée des
travaux.

On a vu que, selon nos prévisions sommaires, la ligne du tunnel
sous-marin, avec ses voies d'accession et les deux embranchements

de Boulogne et Calais, qui doivent la relier au chemin de fer du Nord, coûtera 170 millions de francs, et qu'elle pourra être terminée et mise en exploitation en six ans.

Dans l'hypothèse de la construction par les gouvernements, il serait pourvu à cette dépense au moyen de crédits annuels de 28,330,000 francs pendant six ans, crédits auxquels contribueraient pour moitié les deux gouvernements, soit pour chacun d'eux 14,165,000 francs.

Si les gouvernements jugeaient convenable de s'exonérer des charges de cette entreprise, en la concédant à l'industrie privée, ils ne pourraient sans doute le faire qu'au prix de charges nouvelles, mais beaucoup moindres, soit au moyen d'une contribution partielle, à titre de subvention aux entrepreneurs, soit à l'aide d'une garantie d'intérêt pour les souscripteurs, supportée par moitié entre les deux Etats. Voici, dans cette hypothèse, comment pourraient se répartir ces charges :

TABLEAU INDICATIF *des versements du capital, dans la proportion prévue pour les travaux; charges relatives d'intérêt afférentes aux gouvernements.*

VERSEMENT DU CAPITAL par LES GOUVERNEMENTS ou par LES SOUSCRIPTEURS.	PART D'INTÉRÊT ANNUEL INCOMBANT A LA CHARGE DES GOUVERNEMENTS		TOTAL DES INTÉRÊTS à 6 p. %
	Français. (3 p. %).	Anglais. (3 p. %).	
1re année. 35,000,000	1,050,000	1,050,000	2,100,000
2e — 35,000,000	2,100,000	2,100,000	4,200,000
3e — 25,000,000	2,850,000	2,850,000	5,700,000
4e — 25,000,000	3,600,000	3,600,000	7,200,000
5e — 25,000,000	4,350,000	4,350,000	8,700,000
6e — 25,000,000	5,100,000	5,100,000	10,200,000
Totaux... 170,000,000	19,050,000	19,050,000	38,100,000

La durée de six ans, prévue pour l'achèvement des travaux, réduit les versements à un contingent annuel modéré, pour les gouvernements et les souscripteurs, surtout quand ces contingents sont
répartis entre la France et l'Angleterre. Elle limite à moins de
15 millions par an le contingent de chacun des deux pays.

Quant à la garantie prévue, sa répartition, au fur et à mesure
des versements des souscripteurs, la réduit à la somme moyenne
de 3,200,000 francs par an environ pour chacun des deux États;
sacrifice bien léger en présence de l'utilité de l'œuvre projetée; sacrifice qui se réduit réellement à une avance dans laquelle rentre-
ront largement les gouvernements, par l'accroissement de revenu
et de richesse publique que produira le mouvement commercial
déterminé par cette grande voie de circulation.

SEPTIÈME PARTIE.

CONCLUSION.

—

CHAPITRE XXII

L'auteur appelle sur son travail la vérification de la science.

20 mars 1856.

Dans l'exposé qui précède, nous avons fait tous nos efforts pour éclairer les trois questions fondamentales de la création du tunnel sous-marin : *les Milieux, le Tracé, le Percement.*

Le livre des *Milieux*, résumé d'une investigation lente et opiniâtre, a eu pour objet d'étudier préalablement la nature du massif submergé, à travers lequel est projeté le monument souterrain.

Après l'étude des *Milieux*, le livre du *Tracé* a eu pour but, à l'aide des lumières fournies par l'hydrographie et la géologie locales, de déterminer, dans ce massif, la ligne la plus favorable pour le passage sous-marin. On a vu par quels motifs nous avons été conduit à concentrer cette ligne sur l'axe même du détroit, dans les formations jurassiques.

Enfin, dans le livre du *Percement*, en isolant l'œuvre de la mer, nous nous sommes efforcé de réduire à des proportions pratiques abordables une entreprise dont la première donnée effraye par son développement colossal. On voit maintenant comment cette question du percement, qui est la principale dans le fait de l'œuvre,

15

est subordonnée, dans l'étude, aux deux questions préalables des *Milieux* et du *Tracé*. Le *Percement*, ainsi réduit à *l'envoi d'une galerie de mine sous l'Océan*, demande ses moyens d'exécution au génie des mines, avec l'assistance de l'hydrographie.

La construction proprement dite, qui est le couronnement de l'œuvre, rentre dans la compétence du génie des ponts.

En terminant cette étude, nous croyons convenable d'appeler de tous nos vœux la nomination d'une Commission internationale composée d'hommes autorisés devant la science, et d'une compétence européenne, pour examiner et résoudre la proposition à son point de vue technique. En dehors de la sanction d'un tel tribunal, la voix d'un pionnier obscur et inconnu serait d'une faible valeur devant le public.

Dans l'ordre des trois questions fondamentales que nous venons d'énumérer, l'examen complet des matières spéciales abordées par le sujet n'exigerait pas moins de trois commissaires pour la France :

1° Un ingénieur hydrographe de la marine, versé dans le régime particulier de ces mers ;

2° Un inspecteur général des mines, pour la question de géologie et le fait de percement ;

3° Un inspecteur général des ponts et chaussées, versé dans les constructions à la mer.

A ces trois commissaires seraient adjointes pour l'Angleterre trois notabilités correspondantes, dont on solliciterait la nomination par le gouvernement anglais ; et ces six commissaires réunis constitueraient le comité officiel international.

Ce n'est qu'après le prononcé d'un tel conseil, et l'édification complète des gouvernements, que les deux États, s'il ne leur convenait pas d'exécuter directement ces travaux, pourraient consentir à cautionner, par une garantie d'intérêt, une Société anonyme concessionnaire. Sous de tels auspices seulement cette Société pourrait alors se présenter en toute confiance pour entreprendre une création digne des forces matérielles et de l'état moral des deux peuples.

L'examen officiel que nous invoquons paraît donc le complément nécessaire d'une étude que nous avons poussée jusqu'à la limite de nos forces personnelles. Il faut actuellement que ce travail soit repris par des intelligences collectives, très-versées dans la physiologie des roches et dans l'exploitation des gîtes souterrains. Il faut plus : il faut l'assistance que peut seul fournir le budget d'une grande nation.

Pour notre part, nous n'avons ni dissimulé ni atténué les difficultés inhérentes à la création proposée. Nous en avons, dans le calme de l'étude, recherché la mesure, tout en réduisant à leur valeur les exagérations que peuvent suggérer ces obstacles.

Nous avons décrit, avec la sincérité du devoir compris, les diverses péripéties éprouvées par nos projets de jonction. Nous pouvons donc dire actuellement devant le public ce que nous dirions devant la Commission scientifique officielle dont nous réclamons l'examen : « Nous ne venons pas défendre notre œuvre ; nous vous « la livrons toute nue, pièce à pièce et dans son ensemble, profon- « dément convaincu qu'elle recevra de vos lumières un concours « coopératif, et qu'elle sortira d'entre vos mains plus solide et plus « complète. » Soumettre ce travail au public, c'est donc faire appel à sa coopération par une critique sérieuse.

Au début de cette étude solitaire, le champ ouvert à la certitude, même au moyen du niveau et du clinomètre, était limité. Quant aux prolongements sous-marins, on a vu que nous n'avons tracé les lignes de cette zone invisible et jusqu'alors inexplorée, qu'après avoir fait appel à toutes les forces de l'induction, et à mesure que l'incertitude se dissipait devant les faits acquis à l'observation. La vérification matérielle, au moyen d'une exploration souterraine, pourra seule redresser nos erreurs, en indiquant dans quelle zone il convient de lancer l'œuvre, à travers le massif submergé. Nous nous flattons donc de l'espoir que les coordonnées générales, dont notre diagramme est l'expression synthétique, solliciteront puissamment l'examen, en provoquant la tendance philosophique du temps présent, qui peut se définir : *Époque de vérification.*

POST–SCRIPTUM.

EXPOSÉ DES PREMIÈRES DÉMARCHES ENTREPRISES POUR DONNER SUITE
AU PROJET DU TUNNEL SOUS-MARIN.

1er avril 1857.

L'étude de l'avant-projet du tunnel sous-marin, exposée dans les chapitres précédents, fut achevée dans le mois de mars 1856.

Le dernier chapitre du mémoire concluait à l'utilité d'une épreuve, *la vérification*. Ce vœu a été entendu, et je suis heureux, en présentant ce travail au public, de pouvoir aussi lui rendre compte de la première phase d'examen officiel qu'il a parcourue. Une publication ultérieure exposera le résultat des démarches entreprises auprès du gouvernement britannique [1].

L'exécution de ce projet se présentait sous un aspect exceptionnel. Il s'agissait, en effet, d'ouvrir une voie de circulation dans des conditions insolites, sous le champ neutre de la mer, hors des limites des territoires de deux nations, ce qui impliquait le consentement, voire même la coopération mutuelle des deux gouvernements riverains. Sous ce rapport, il semblait opportun, avant de

---

[1] L'intention de l'auteur est de tenir le public au courant de la question du tunnel sous-marin, par des publications successives, destinées à faire suite à celle-ci. Il croit donc devoir inviter les personnes qui auraient des communications à faire, soit relativement aux sujets traités dans ce mémoire, soit pour exposer leurs idées personnelles, en vue d'une coopération ultérieure, à vouloir bien lui faire l'honneur de les lui adresser, à Paris, rue du Havre, 5. Le concours des hommes de bonne volonté ne saurait être trop nombreux pour mener à bonne fin une telle entreprise. L'auteur se fera un devoir d'en rendre compte sommairement ou *in extenso*, si la matière l'exige, dans la prochaine publication qui suivra de près celle de ce mémoire.

produire publiquement cette étude, et en vue de son succès, de s'assurer s'il convenait aux deux gouvernements que cette question fût actuellement agitée et examinée.

L'auteur du projet étant Français, il lui parut bienséant de s'adresser d'abord à son gouvernement pour s'assurer de son agrément et lui demander l'autorisation de saisir le gouvernement anglais de cet objet. C'est dans ce but qu'une entrevue fut demandée à S. M. l'Empereur Napoléon III. Le travail lui fut présenté le 20 avril 1856.

On a vu avec quelle faveur la proposition de l'ingénieur Mathieu avait été accueillie au commencement du siècle par Napoléon Ier. C'était donc une heure d'épreuve solennelle, celle où ce projet allait reparaître, mûri par le temps, devant le génie napoléonien, dont la puissance d'exécution sait relier avec une promptitude éclatante les trois termes de la synthèse génératrice : *la conception, l'entreprise, l'achèvement.*

Je fus accompagné dans cette démarche par un homme de bien, dont le public a depuis vivement ressenti la perte, M. Adolphe Thibaudeau, à qui m'unissaient, outre ceux de la parenté, les liens d'une vieille et fraternelle affection, datant de l'exil de son vénérable père, dont j'avais été le secrétaire sous le règne de Louis XVIII. C'était à cette même époque (Augsbourg 1824) que remontaient mes premiers rapports avec le prince Louis-Napoléon, devenu maintenant l'Empereur. Je ne pouvais être assisté d'un conseil plus dévoué et plus éclairé qu'Adolphe Thibaudeau, pendant cette épreuve difficile, consistant à faire passer un travail technique par les voies lentes et épineuses qui le séparent de l'exécution.

L'Empereur avait été favorablement prévenu par S. A. I. le prince Napoléon. Après l'échange de quelques mots, nécessaires pour expliquer le plan général, et exprimer à Sa Majesté mon désir de connaître son sentiment personnel sur ce projet avant de le produire

devant le public, l'Empereur prit le plan que je lui présentais, dé-
roula lui-même les longs profils sur le divan de son salon, et plaça
son chapeau sur l'extrémité. J'exposai parallèlement le grand écrin
géologiquecontenant les échantillons des roches.

Après avoir écouté l'exposé sommaire du projet, et éprouvé la
première impression d'étonnement inspirée par l'apparence chimérique de l'œuvre, Sa Majesté examina avec la plus grande attention
le plan, les profils et les extraits naturels des roches. Elle parut
accueillir cette conception comme un fait de nature à honorer l'é-
poque, m'interrogea sur les moyens d'investigation qui avaient
éclairé cette étude, et sur les conditions techniques de l'œuvre projetée.

Ces questions abordaient au vif les points professionnels les plus
saillants du projet. Plusieurs d'entre elles m'avaient déjà été
faites isolément par divers ingénieurs qui avaient eu vent de mon
travail; ce qui me mit en mesure de condenser la substance de mes
réponses dans les termes restreints et précis exigés par la circonstance. Le caractère spécial de cet entretien honore trop le chef de
l'État pour que je ne regarde pas comme un devoir de le reproduire.

« Les rampes du souterrain sont-elles bien rapides? — Sire,
comme Votre Majesté le voit, le profil du souterrain décrit une
courbe concave dont les rampes sont inférieures en inclinaison aux
rampes maxima des grandes lignes exploitées en France. On peut
comparer ces pentes à celles du chemin d'Orléans, dans la courbe
en relief qu'il décrit pour franchir le plateau de Beauce, entre
Étampes et Orléans.

« Mais êtes-vous bien sûr de vos terrains? — Sire, aussi sûr
qu'un homme peut l'être, ayant fait directement toutes les observations compatibles avec mes forces. Les doutes qui me resteraient
ne pourraient être actuellement éclaircis qu'au moyen d'une véri-

fication souterraine, opération qu'un grand gouvernement peut seul entreprendre.

« Et qui vous garantit des infiltrations de la mer? — Sire, le souterrain est proposé dans une zone tellement ferme et profonde qu'il reste, entre l'œuvre et la mer, un ciel variant en épaisseur de 22 à 75 mètres. Ce ciel consiste en couches de roches solides dont l'imperméabilité est garantie par la présence d'épais lits d'argile intercalés. Ces lits d'argile, sous une telle pression, sont d'impénétrables chapes. Votre Majesté peut juger de la nature de ces roches par les extraits naturels de tous ces terrains, que j'expose à ses yeux. Assurément, Sire, on rencontrera, pendant le percement du souterrain, des infiltrations obliques, venant des continents ou de la mer, entre les joints naturels des lits de roches, à des points qui déjà peuvent se prévoir. Mais cet obstacle est l'état normal et permanent de toutes les mines; avec cette différence pourtant que l'industrie minière s'exerce dans des sols présentant le caractère général d'une grande dislocation, ce qui expose le mineur à un continuel imprévu; tandis que le terrain du détroit offre une régularité remarquable dans son assiette presque horizontale. Plusieurs mines en exploitation prolongent leurs galeries sous la mer. Le plus grand nombre s'exploite sous la masse liquide de lacs souterrains très-profonds, dont l'étendue égale parfois celle de plusieurs provinces. Le génie des mines, Sire, se rend maître de ces difficultés, dans des conditions bien plus épineuses que celle-ci. Quant aux infiltrations ultérieures à la construction, on ne saurait en redouter. La pratique des travaux de construction est en mesure de livrer ce monument complétement étanche. »

L'Empereur parut se préoccuper, au point de vue de l'hygiène, du refroidissement causé par les rapides courants d'air qui peuvent s'établir sous ces voûtes. Je fis observer à Sa Majesté que dès l'in-

stant qu'on possédait les issues, il était possible, dans une certaine
mesure, de régler l'intensité des courants d'air; que dans le cas
contraire d'inertie, on provoquerait la ventilation par insufflation
ou appel.

Je crus devoir aller au-devant des objections qui pouvaient être
faites par le génie militaire des deux pays, touchant la défense des
territoires. J'avançai l'idée que le parcours du tunnel sous-marin
pouvait être mis en commun par une confusion spéciale des droits
des deux pays; que les droits de chaque Etat seraient démarqués
par des herses nationales, aux deux limites du détroit, sous les tours
des stations de Grinez et d'Eastware, pratique conforme à celle des
places de frontière. J'ajoutai enfin que chaque gouvernement aurait la faculté immédiate, pour la défense de son territoire, de sub-
merger le souterrain, au moyen de bondes à soupapes. La submersion du fond de l'œuvre jusqu'à la voûte serait complétée en moins
d'une heure. L'épuisement de l'eau introduite pourrait se faire
ensuite, de concert entre les deux gouvernements, en moins de
soixante-douze heures. Cet argument parut à Sa Majesté de nature
à couper court à toutes les préoccupations qui pouvaient être invoquées à cet égard. « Il suffit peut-être, ajouta l'Empereur, que ce
procédé soit praticable pour espérer qu'il ne sera jamais pratiqué. »

L'Empereur me fit quelques questions touchant les dépenses et
les produits et sur la durée présumée du percement. Je répondis à
Sa Majesté que j'en avais présenté le calcul dans mon mémoire,
comme jalon de départ, mais que je ne le produisais que sous réserve des expériences de vérification matérielle de mon étude, expériences que le gouvernement seul peut faire. En évaluant la
dépense au triple de celle des souterrains ordinaires, je lui dis que
mes prévisions absorbaient 170 millions de francs, dépense qui
ne semblait pas excessive en présence d'un résultat tel que celui

d'aller dans la même voiture, de Londres à Paris, *en six heures*, et de franchir le détroit *en vingt-cinq minutes*. J'ajoutai même qu'avec la vitesse des trains spéciaux affectés à l'usage personnel de Sa Majesté, le trajet de Londres à Paris pourrait s'effectuer en quatre heures. Je n'hésitai pas à avancer que deux pays aussi puissants que la France et l'Angleterre pouvaient accomplir une telle œuvre en six ans. Je crus même pouvoir affirmer que si la dépense était circonscrite dans ces limites, l'exploitation de cette entreprise pourrait présenter des avantages financiers notables au trésor des deux gouvernements, en raison de l'état actuel et surtout de l'accroissement probable de la circulation.

L'Empereur promena de nouveau son regard sur la collection géologique des roches et sur le profil du tunnel, d'une rive à l'autre du détroit. «Ce serait bien beau! ajouta Sa Majesté; mais est-ce possible?» Je répondis que, pour ma part, j'avais, sans épuiser ma persévérance, fourni pour l'examen de cette question à peu près tout ce que, dans l'état actuel de la science, on peut exiger d'une étude personnelle; mais que les gouvernements, au moyen des sommités scientifiques et des ressources matérielles dont ils disposent, pouvaient faire vérifier l'état des lieux par moi présenté, et obtenir sur cette question une édification complète et définitive.

J'attirai l'attention de Sa Majesté sur l'utilité de former une haute Commission internationale, composée des hommes les plus compétents, en France et en Angleterre, pour examiner mon étude et diriger par ses instructions les travaux nécessaires à la vérification matérielle.

L'Empereur répondit qu'il mesurait complétement toutes les conséquences de ce projet, au point de vue de l'union intime de la France avec les autres pays, union qu'il regarde comme un des principaux objets de sa mission. Il me répéta deux fois que son désir était que la lumière se fît touchant cette question, me promit le concours de son gouvernement pour cet examen, et m'autorisa à me concerter directement avec S. E. le Ministre des travaux publics, pour la formation d'une Commission internationale d'examen.

Le Ministre de l'agriculture, du commerce et des travaux publics, M. Rouher, me fit part des obstacles que présentait la nomination d'un Comité international, composé d'éléments dispersés et peu homogènes ; des difficultés matérielles résultant de la langue, des distances et des lieux pour réunir, diriger et faire fonctionner avec ensemble une telle Commission. Il fut d'avis de s'en tenir, quant à présent, à une compétence seulement française, dont il lui était facile de réunir les éléments, sauf à faire les mêmes démarches auprès du gouvernement anglais. Bien que ce mode de procéder me parût beaucoup plus restreint que l'examen d'une Commission internationale, pour lequel j'avais obtenu l'agrément de l'Empereur, je me rangeai à l'avis du Ministre, comme présentant une solution plus immédiatement pratique; mais j'insistai fortement pour que, dans cette Commission, le cercle de la compétence fût élargi le plus possible, vu la nature complexe des questions abordées dans le mémoire. Le Ministre me promit de la composer au moyen de la réunion des Conseils généraux des mines et des ponts, et de demander au Ministre de la marine l'assistance de l'hydrographie. En même temps, S. E. le Ministre des travaux publics m'engagea à différer la publication de mon travail, afin que la Commission ne fût pas troublée pendant son examen par les discussions prématurées de la presse, et procédât à son investigation avec la liberté et le calme dont j'avais apprécié moi-même l'avantage dans le cours de cette étude. Il me fit observer qu'il y avait tout intérêt, au point de vue même du succès, à attendre respectueusement et en silence cette décision ; car un avis favorable de la Commission pouvait donner à mon travail plus d'autorité devant le public.

Par ma lettre de dépôt, en date du 2 mai 1856, je remis au Ministre mon mémoire, avec les plans et profils à l'appui, ainsi que l'écrin géologique contenant les extraits naturels des roches.

Quelques jours après, la Commission officielle, chargée d'examiner le projet du tunnel sous-marin, fut nommée par le Ministre. Elle était ainsi composée :

POUR LE GÉNIE DES MINES :

M. ÉLIE DE BEAUMONT, sénateur, secrétaire perpétuel de l'Académie des sciences, inspecteur général des mines.

M. COMBES, membre de l'Institut, inspecteur général des mines, professeur d'exploitation à l'École des mines, connu par son intrépidité dans la conception et dans l'exécution, et que des travaux couronnés de succès constants avaient placé en Europe au premier rang des mineurs [1].

POUR LE GÉNIE DES PONTS :

M. MALLET, inspecteur général, président du Conseil général des ponts et chaussées.

M. RENAUD, inspecteur général des ponts, connu par ses grands travaux du port du Havre.

POUR L'HYDROGRAPHIE :

L'amiral Hamelin, Ministre de la marine, désigna M. KELLER, ingénieur hydrographe de la marine, qui avait travaillé avec Beau-

---

[1] Après la mort récente de M. Dufrénoy, M. Combes, unanimement désigné d'avance par l'opinion publique, vient d'être appelé à lui succéder comme directeur de l'École des mines.

temps-Beaupré aux sondes du détroit, et qui était connu par un travail remarquable sur le régime des courants de ces mers, exécuté et publié par ordre du gouvernement.

Lorsque le nom des cinq commissaires choisis par les deux Ministres me fut connu, ce fut un indice certain que mon travail serait l'objet d'un examen sérieux. Il était impossible de se méprendre sur la haute influence qui avait inspiré le choix de cette Commission. Il eût été difficile, en effet, de former une réunion d'hommes plus autorisés, tant par le renom de leurs travaux, que par le caractère dont ils étaient revêtus.

Le travail de cette Commission officielle, commencé dès le mois de mai 1856, interrompu momentanément dans l'été par une mission de M. Keller au bassin d'Arcachon, fut terminé à l'automne.

La Commission me fit l'honneur de m'admettre à être entendu dans son sein, pour lui donner des développements sur divers points de mon étude. Je fus admis à la même faveur devant les deux Conseils généraux des ponts et chaussées et des mines. Je n'oublierai jamais ces courts instants de concert mental, au milieu de ces hommes éminents, dont plusieurs se sont illustrés par de grands services rendus à la science et à leur patrie.

Après la première impression d'une émotion légitime, en voyant mon travail soumis à une véritable section de l'Institut, je fus bientôt rassuré par l'extrême affabilité des juges[1]. Je sollicitai l'indulgence de la Commission pour ce qu'il pouvait y avoir d'insuffisant dans le livre du *Percement*, et j'insistai sur l'utilité d'une vérification souterraine destinée à compléter ou modifier les faits acquis à l'observation, faits exposés dans les

---

[1] MM. Cordier, Élie de Beaumont et Combes, inspecteurs généraux des mines, sont en effet membres de l'Institut; M. Dufrénoy l'était également.

livres des *Milieux* et du *Tracé*. Je pris la liberté de faire remarquer à la Commission que les moyens d'exécution, bien que par moi indiqués, ne pouvaient être abordés que d'une manière hypothétique, dans la phase actuelle de l'examen, en l'absence de lumières suffisantes, lumières que des travaux d'investigation souterraine pouvaient seuls fournir.

La Commission parut, en effet, disposée à ajourner la question d'exécution pour concentrer son examen sur celle des *Milieux*. Néanmoins elle m'invita à lui remettre une note sur ce qui pouvait être à ma connaissance touchant les meilleurs moyens d'abréger la durée du percement. C'est alors que je remis à M. Combes, membre de cette Commission, la note reproduite à l'Appendice [1].

La Commission fut assez indulgente pour accueillir avec faveur mon travail sur le terrain comme conforme à l'état de la science. Elle voulut bien reconnaître que si le projet pouvait être ultérieurement exécuté, ce devait être dans la direction et sur les données exposées dans mon mémoire. Écartant tout d'abord l'idée d'une conception chimérique et s'élevant à la hauteur du but final, elle saisit l'étude par son côté pratique, et fut d'avis que la coopération des gouvernements était nécessaire pour la vérification matérielle du projet. La Commission conclut à l'utilité de travaux souterrains, consistant dans le foncement de deux puits de mine, de 3 mètres de diamètre et blindés en fonte, aux deux nœuds extrêmes de la ligne sous-marine proposée dans l'étude, l'un sous le cap Grinez, en France, l'autre à la pointe Eastware, en Angleterre. La Commission pense que ces travaux sont nécessaires pour éclairer trois points fondamentaux :

1° Prendre les attachements verticaux des terrains dans l'axe du

---

[1] Voyez la Note 5, *Renseignements sur quelques machines propres à percer les galeries souterraines.*

détroit, vérifier le niveau exact et l'inclinaison générale du prolongement des couches jurassiques sous la côte d'Angleterre, et lancer des galeries d'essai sous la mer, dans la direction du tunnel projeté;

2° Mesurer, au moyen d'appareils d'épuisement, la puissance relative des gisements aquifères existant ou pouvant exister dans les interstices de ces couches, qui toutes présentent leur versant sous le massif de l'Angleterre;

3° Faire, par voie de concours, l'essai de machines à vapeur destinées au percement rapide des galeries souterraines, en attaquant directement par l'acier, sans l'intermédiaire de la poudre, les roches dures et les roches argileuses; et vider sommairement ainsi la question de la durée présumable du percement du tunnel.

Les dépenses nécessaires à cet ensemble de travaux dans les deux pays, en raison des difficultés prévues et des appareils à construire, en vue d'une solution définitive, sont évaluées à la somme de 500,000 francs par la Commission officielle. La Commission a conclu à l'utilité de cette dépense, en émettant le vœu que le gouvernement anglais fût consulté, pour s'assurer dans quelle mesure il serait disposé à coopérer à des travaux de vérification qui peuvent conduire à des résultats si considérables pour les deux pays.

J'ai dit comment tous mes efforts auprès de la Commission du tunnel avaient tendu à faire ajourner la question de construction qui ne semblait guère abordable, dans la phase présente de l'étude, pour concentrer l'examen sur la question préalable et dominante des milieux. Néanmoins, le Ministre désira consulter le Conseil général des ponts, dans la compétence duquel rentrent plus particulièrement les faits de construction. Ce Conseil crut devoir se tenir dans une grande réserve touchant cette affaire, soit qu'en effet les lumières acquises ne lui parussent pas suffisantes pour se pronon-

cer prématurément sur l'exécution d'un monument aussi considérable et sans précédent identique, soit qu'il se reposât du soin d'é-
lucider la question physiologique sur le Conseil général des mines,
composé en grande partie de membres de l'Institut, et d'hommes
plus spécialement voués à une longue pratique des travaux souterrains. Le Conseil général des ponts s'en tint à un interlocutoire,
ajournant de se prononcer formellement sur l'opportunité des travaux de recherche jusqu'après l'avis du gouvernement anglais, plus
directement intéressé, et, quant au fait de construction, jusqu'après
les résultats que doit fournir le percement du mont Cénis par un
tunnel de 12 kilomètres sans puits. Le Conseil général des ponts se
montra donc très-circonspect, en matière de responsabilité, à l'égard
d'une conclusion par laquelle son honorable président et l'un de
ses membres les plus éminents s'étaient formellement prononcés
dans la Commission officielle. Mais je n'en fus pas moins touché
du soin que ce Conseil voulut bien prendre d'attirer l'attention du
Ministre sur le caractère moral du projet, celui qui le distingue des
propositions qu'enfante chaque jour la spéculation mercantile. Sous
ce rapport, je sus un gré extrême au Conseil des ponts d'avoir bien
voulu entourer mon travail de cette atmosphère d'honorabilité,
dans laquelle j'ai par-dessus tout à cœur de le maintenir [1].

Le Conseil général des mines, dans la compétence duquel ren-
trait directement la question examinée par la Commission spéciale, fut en dernier lieu invité par le Ministre à donner son avis
sur cet objet.

Bien qu'il ne soit pas dans les usages du Conseil général des
mines d'entendre les personnes intéressées dans les questions qu'il

---

[1] Procès-verbal du Conseil général des ponts et chaussées (séance du 1er dé-
cembre 1856).

est chargé d'examiner, le Conseil voulut bien m'accorder cette faveur insolite, et le Ministre, par sa lettre du 14 janvier 1857, m'autorisa à me rendre dans le sein de ce Conseil le 23 janvier, jour où devait être abordée la discussion sur le tunnel sous-marin.

En présence des proportions sérieuses que la question avait prises, je crus devoir aller chez le Ministre le 18 janvier, pour le prier de vouloir bien venir présider la séance du 23. La pensée gouvernementale étant que la lumière se fît, ce me semblait être, pour le Ministre des travaux publics, l'occasion d'acquérir une édification directe et complète sur l'état actuel d'une question destinée à s'élargir de plus en plus.

Le Ministre me répondit qu'ayant été depuis quelque temps privé de présider en personne le Conseil général des mines, il serait heureux de saisir l'occasion d'une affaire qui se présentait sous un aspect aussi intéressant, et me promit d'y assister. Mais une indisposition dont il fut atteint pendant les jours suivants l'en empêcha.

Le Conseil général des mines, sous la présidence du vénérable M. Cordier, après une discussion complète, que l'examen du projet par chacun de ses membres avait depuis deux mois préparée, se prononça dans le même sens que la Commission spéciale et adopta en tout point ses conclusions, insistant formellement sur l'utilité de la dépense proposée par la Commission, dépense dont l'évaluation fut maintenue à la somme de cinq cent mille francs [1].

Répondant ainsi à la pensée gouvernementale, qui avait réuni ce

---

[1] Procès-verbal du Conseil général des mines (séance du 23 janvier 1857). Le Conseil général des mines se compose de MM. L. Cordier, président ; Élie de Beaumont, Dufrénoy, Thirria, Combes, Levallois, Marrot, Lorieux, inspecteurs généraux des mines ; de Boureuille, secrétaire général du Ministre et directeur général des mines, et Pierrard, ingénieur en chef des mines, secrétaire du Conseil.

17

concert de sommités intellectuelles pour que *la lumière se fît,* la Commission spéciale du tunnel sous-marin et le Conseil général des mines n'ont pas reculé devant la responsabilité d'engager les gouvernements dans une dépense considérable, faite sur des points et dans des conditions tels que cette expérimentation semble avoir, dans la pensée de ces Conseils, le caractère d'un prélude au commencement d'exécution.

La phase préalable d'examen officiel, nécessaire avant d'entamer les premières démarches auprès du gouvernement anglais, paraissant épuisée, S. E. le Ministre des travaux publics voulut bien me transmettre dans la lettre suivante le résultat de son appréciation personnelle :

Paris, le 21 avril 1857.

Monsieur,

J'ai fait examiner par une Commission spéciale le projet de tunnel sous-marin entre la France et l'Angleterre, que vous avez soumis à S. M. l'Empereur.

Je l'ai présenté ensuite successivement aux délibérations du Conseil général des ponts et chaussées et du Conseil général des mines, et, s'il n'y a pas eu identité complète de vues entre ces deux Conseils sur la suite à donner à l'idée que vous avez émise, l'un et l'autre ont été d'accord pour demander que des remercîments vous fussent adressés à raison des recherches persévérantes et consciencieuses dont témoigne le travail soumis par vous à l'administration.

J'ai pris à mon tour, Monsieur, une connaissance personnelle et très-attentive de tous les détails de cette affaire, et je n'ai pu d'abord que m'associer pleinement aux témoignages de sympathie que les Conseils généraux des ponts et chaussées et des mines ont proposé

de vous adresser pour les recherches auxquelles vous vous êtes
livré.

Quant au fond même de la question, il ne peut s'agir, quant à
présent, et telle est votre opinion à vous-même, de l'exécution de
l'œuvre dont vous avez conçu la pensée. Cette exécution d'ailleurs,
indépendamment de données et de moyens pratiques qui manquent
encore, exigerait nécessairement le concours des deux pays intéressés : peut-être seulement peut-on dire, dans l'état des choses, qu'il
ne serait pas sans intérêt de faire quelques explorations souterraines aux abords et des deux côtés du détroit, en les prolongeant à
une certaine distance sous la mer, pour constater la nature géologique et pétrographique des terrains à traverser. Je sais que vous
vous préoccupez des moyens de réaliser ces explorations; dans le
cas où elles viendraient à être entreprises, soit en France, soit en
Angleterre, je prendrais communication avec un véritable intérêt
des résultats qu'elles auraient pu fournir.

Recevez, Monsieur, etc.

Le Ministre de l'agriculture, du commerce et des travaux publics,

ROUHER.

Le lecteur appréciera sans aucun doute la réserve dans laquelle a
cru devoir se tenir le Ministre touchant l'initiative des travaux proposés par la Commission spéciale, réserve inspirée par un sentiment
de convenance internationale, la proposition intéressant avant tout
l'Angleterre. C'est pour obéir au même sentiment de circonspection
que j'ai dû différer de saisir le gouvernement français de la question d'utilité. Fort désormais de sa sympathie, j'ai cru devoir ajourner toute ouverture sérieuse pour l'exécution jusqu'à l'issue des
démarches entreprises dans ce but auprès du gouvernement bri-

tannique, sous les auspices de S. M. l'Empereur, et dont il sera rendu compte dans la prochaine publication.

Il me reste à adresser des remercîments à S. Ex. M. Rouher, Ministre des travaux publics; à S. Ex. M. l'amiral Hamelin, Ministre de la marine; à M. l'amiral Mathieu, directeur du dépôt de la marine; à M. de Franqueville, directeur général des ponts et chaussées et des chemins de fer; à M. de Boureuille, secrétaire général du ministère des travaux publics et directeur général des mines, pour l'empressement plein de bienveillance avec lequel ces messieurs ont successivement préparé l'examen de mon étude; et en particulier à M. le duc de Bassano, grand chambellan de l'Empereur, pour m'avoir facilité l'accès de Sa Majesté, dans des conditions toutes spéciales. On ne regrette ni les sacrifices ni les efforts longtemps appliqués à la poursuite d'une œuvre utile, quand on rencontre des hommes de progrès dans toutes les personnes appelées, par leurs hautes fonctions, à introduire cette conception dans la pratique.

APPENDICE.

APPENDICE.

NOTE 1.

DÉTAILS SUR L'EXPLORATION DU BANC DU VARNE.

Lettre de l'Auteur à M. Keller, ingénieur hydrographe de la marine, membre
de la Commission officielle du tunnel sous-marin.

Paris, 3 juin 1856.

Monsieur,

Depuis que, sur la demande du Ministre des travaux publics, vous avez été désigné par l'Amiral-Ministre de la marine pour faire partie de la Commission officielle du tunnel anglo-français, vous avez travaillé, à l'aide des documents publics et de vos observations personnelles locales, à un état des lieux sous-marins du détroit de Calais, particulièrement sur le périmètre du Varne, dans le but de vérifier cette partie de mon travail soumis à l'examen de la Commission.

Vous avez été frappé, comme je l'avais été moi-même, des lacunes que présentent, touchant les natures de fond des bancs du détroit, les cartes marines, d'ailleurs très-complètes au point de vue de l'art nautique, quant aux sondages de ces bancs.

L'insuffisance de ces documents, au point de vue de votre mission, vous inspira l'heureuse idée de remonter aux éléments qui ont servi à la construction de ces cartes, éléments déposés aux archives

de la marine. Vous avez trouvé, au carton de 1835, avec le journal
des observations, le calque général des sondes du détroit, qui résume le travail hydrographique de la campagne de cette même
année; manuscrit précieux, en ce qu'il est dressé de la main même
de Beautemps-Beaupré qui, durant cette campagne, a fait directement lui-même les sondages hydrographiques de la pointe Nord-
Est du Varne. Au moyen de ce document, il vous sera facile de constater l'existence des fonds rocheux qui entourent le Varne, et de
suppléer en ce point aux lacunes des cartes marines publiées. Heureux de vous trouver parmi les juges de mon travail, je vous ai
promis une mention plus détaillée de mes tâtonnements pour ex-
plorer ce lieu, un des points les plus intéressants dans l'étude soumise à l'examen de la Commission.

Assurément, dans le cours de cette étude, si j'eusse connu ce précieux manuscrit de Beautemps-Beaupré, je me serais épargné bien
des tâtonnements. Votre travail sur les courants de cette mer venait, il est vrai, de paraître, mais j'avais à peine eu le temps de
remonter du livre à son auteur.

Dépourvu de notions sur les bancs du détroit, je m'informai, auprès des pilotes de Calais et Boulogne, des natures de fond du
Varne. Cette source ne m'en apprit guère plus que ce qui est coté
aux cartes, sauf pourtant les renseignements beaucoup plus précis
que me fournit le pilote Ternisien, du port de Boulogne, renseignements qui me furent utiles dans cette exploration, et dont
l'exactitude se trouva confirmée en tout point.

L'aspect général des plateaux du Varne et du Colbart est, en effet,
comme les cartes l'indiquent, celui de bancs sableux. Mais il existe
des lits pierreux stratifiés, immédiatement au-dessous de cette
couche supérieure de sable, existence démontrée par la grande
quantité de roches qui présentent autour de ces plateaux et sur les
talus leurs fronts dénudés. J'ai bien des fois visité les accores de
ces bancs, surtout dans une ligne demi-circulaire, de trois lieues
d'étendue environ, enveloppant la pointe Nord-Est du Varne, où se
concentrait l'intérêt de mon examen.

On rencontre, sur le sommet de ces plateaux, des fonds sableux faiblement ondulés et par place très-hauts, dont la forme se palpe avec un simple aviron, et s'élève jusqu'à moins de 3 mètres à la basse mer. Quand on court vers ces bancs par un beau soleil et une mer calme, on voit la masse liquide perdre successivement sa teinte sombre, et cette nuance devient plus laiteuse, à mesure que les talus de ces bancs s'élèvent vers la surface. On distingue confusément alors les roches, qui se détachent en teinte noire sur le fond sableux, beaucoup plus clair. Plusieurs de ces roches, en groupes isolés, ont une surface dépassant celle d'un navire. Il est même des points où elles paraissent se tenir entre elles sans interruption, et former par places comme un cordon de ceinture sur l'accore du banc.

Ces roches sont en assez grand nombre, particulièrement autour du Varne, pour gêner les pêcheurs. Elles forment des demeures pour leurs filets, renversent les bourses et font souvent manquer les coups. C'est pourquoi ils préfèrent pêcher sur le Colbart, dont l'accore est moins abrupte et où le travail est plus régulier.

L'examen du gisement apparent de ces roches me fit vivement désirer d'en obtenir des fragments. J'étais dépourvu d'appareils appropriés pour ce travail assez difficile. De tous les outils existant sur les bateaux de pêche, il n'y avait que la gaffe qui pût servir à un pareil épinçage.

Le matelot-patron du bateau de pêche n° 12, du port de Boulogne, s'étant mis à ma disposition avec les douze hommes de son équipage, je fis ajuster des gaffes sur deux manches de quarante pieds, et voici comment fut disposé cet humble appareil, pour agir sur un fond de vingt-cinq à trente pieds au besoin.

Le manche de la gaffe fut percé d'une série de trous transversaux, sur une longueur de dix pieds, pour agir à des profondeurs diverses. Dans trois de ces trous on passa trois chevilles de deux pieds formant des mancherons d'un pied de chaque côté; puis cette tige fut dressée debout en trépan, par une amarre, contre la muraille du bateau. Cela fait, six hommes, placés sur le bord et sur le pont, élevaient verticalement, au moyen des mancherons, la gaffe glissant dans son amarre, et la rabattaient en contre-bas sur la roche, à l'instar d'un trépan de mineur. C'est par ce moyen, et après une quantité innombrable de coups perdus, qui émoussèrent une dizaine de gaffes, que je parvins à épincer quelques éclats, par des profondeurs de vingt-cinq à trente pieds. Pour les voyages subséquents, je fis forger, sur la douille des gaffes émoussées, des épinçoirs en grain d'orge et à taillant d'acier, ce qui rendit l'épinçage ultérieur beaucoup plus facile.

Une autre difficulté consistait ensuite à nous approprier les fragments que nous jugions, après un certain travail, devoir être épars sur le sol. Dans ce but, je fis traîner le filet autour de ces roches. Dans l'origine, il ne ramenait rien, ce que j'attribuai à l'exiguïté des fragments ou à l'insuffisance du poids de la bordure des bourses qui, ne râclant pas assez fort le sol, remontaient sans doute au-dessus des fragments. On ne ramena d'abord ainsi que très-peu de corps insignifiants. Dès le deuxième voyage à ces bancs, mes hommes, se lassant d'une manœuvre à leurs yeux stérile et sans but sérieux, commençaient à railler et ne prêtaient plus qu'un concours nonchalant. Je fis tripler le poids du plomb des bourses, au moyen d'un chapelet de plombs contre-maillé de suite à la traîne. Grâce à cette augmentation de poids, nous reconnûmes à l'instant que les bourses râclaient mieux le fond, et nous fûmes assez heureux, depuis lors, après néanmoins bon nombre de coups perdus, pour ramener dans les bourses quelques-uns de ces éclats que leur forme fragmentée et la fraîcheur d'une cassure récente faisaient parfaitement distinguer parmi quelques galets et corps roulés, sans caractère géologique local, contenus promiscûment dans les bourses. Ces opérations ne pouvant se tenter que pendant trois heures au plus, à la basse mer de morte eau, il me fallut y revenir cinq jours différents, pour recueillir les cinq ou six fragments rocheux que je présente à l'Ecrin géologique annexé à mon mémoire, et qui est sous es yeux de la Commission.

Tous ces échantillons, recueillis par des fonds variant entre 7 et

9 mètres, sont des grès portlandiens. La présence dans cette zone
de deux lits de grès, de contexture distincte, et reconnus, après con-
frontation, être identiques au *Banc-Roux* et au *Banc-Griset*, superposés au mont Lambert ; le cordon apparent que la dénudation de
ces lits rocheux décrit autour du Varne, démontrent, par une induction passant à la certitude, que cette assise de grès portlandien
se prolonge avec continuité sous le plateau sableux du Varne. Je
dus en conclure que la charpente de ce banc n'est qu'un lambeau
des formations portlandiennes submergées à ce lieu, en vertu de
leur inclinaison (Voyez au diagramme). Le mont Lambert lui-
même n'est qu'un semblable lambeau de l'étage portlandien, jadis
dénudé par une autre mer, et dont le sommet se trouve émergé aujourd'hui à 188 mètres au-dessus de la mer actuelle. Le mont
Lambert, dans les flancs duquel on pénètre par plusieurs carrières,
présente, à part ses talus beaucoup plus roides, une image assez
exacte de ce que serait le Varne si, par le départ de la mer, il était
tout à coup émergé du sein des eaux.

Quant aux roches dont le travail de M. Beautemps-Beaupré accuse la présence, dans les fonds inférieurs du périmètre du Varne,
je crois qu'on peut les regarder comme des roches jurassiques épigènes, sur lesquelles ont pu rouler aussi confusément des blocs indépendants, provenant de la charpente disparue des falaises portlandiennes du Varne ; ruines géologiques analogues aux imposants
débris signalés sur le diagramme, à la grande dénudation des
Épaulards.

Tels sont, Monsieur, les renseignements complémentaires, malheureusement trop restreints, qui résultent de mes notes relatives à ces visites autour du Varne. Leur brièveté se ressent de la
précipitation avec laquelle ces notes étaient consignées au cahier
d'observations mis à jour chaque soir. J'avais à cœur d'assurer ainsi
la continuation utile de cette étude, au cas toujours prévu où je lui
aurais fais défaut prématurément ; n'ayant eu pour unique témoin
de mes explorations, à part les gens incultes dont l'aide matériel

m'était nécessaire, qu'une jeune fille de dix-sept ans qui bravait avec zèle d'inévitables fatigues pour suivre et assister son père.

J'ai l'honneur, etc.

THOMÉ.

P. S. Sur le calque général du détroit par Beautemps-Beaupré, vous remarquerez, dans la ligne des sondages qui s'étend du Varne à la côte d'Angleterre, deux cotes accusant *vase noire.* Vous admettez bien avec moi que les troubles vaseux ne sauraient se déposer dans l'axe du détroit, vu l'agitation permanente qui, à ces faibles profondeurs (59 et 55 pieds), les tient en suspension, en raison de leur grande ténuité. Vous expliquez même comment ces troubles sont poussés lentement par les gains de flot dans la mer d'Allemagne, où nous en retrouvons les dépôts. Que signifieraient donc alors ces cotes de *vase noire* répétées sur le calque de Beautemps-Beaupré ? En jetant les yeux sur le diagramme, leur signification apparaît par la correspondance précise de ces cotes avec les affleurements d'argile wealdienne. Rien, en effet, ne ressemble plus à des vases que l'argile dont la surface est ramollie et altérée au contact de la mer. (Voyez au diagramme.)

En poursuivant l'examen des natures de fond indiquées au calque général du détroit, vous remarquerez, sous les parages du cap Grinez quatre cotes de sondages exprimant *argile dure.* Ces cotes, qui se rapportent à une zone s'étendant depuis 2000 jusqu'à 4000 mètres en mer, correspondent en effet aux points du diagramme où le clinomètre envoie sous la mer le pied dénudé de l'étage d'argile kimméridienne.

Par cette coïncidence, les observations de Beautemps-Beaupré confirment de la manière la plus heureuse l'exactitude de cette partie du diagramme dont la construction ne reposait que sur les données clinométriques.

NOTE 2.

Sondages au banc du Varne, exécutés dans l'été de 1835, par M. Beautemps-Beaupré,
ingénieur hydrographe en chef, et MM. Darondeau, de La Roche-Poncié et
Dumoulin, ingénieurs hydrographes de la marine.

10 juin 1856.

M. Keller communique à la Commission :

1° Une carte particulière des côtes de France, n° 922 ;

2° La carte du détroit, n° 947 ;

3° Un calque général des sondes exécutées en 1835.

Les qualités de fond comprises entre parenthèses ont été fournies
par la lance, mouillée à chaque station. Les stations sont faites sur
le sommet du Varne et à son pied. Ces dernières occupent les points
de rebroussement des lignes de sonde, exécutées en zigzag, pour
déterminer les points de passage des lignes de niveau de l'œuvre
du banc. L'accore a été traversé généralement de kilomètre en kilomètre, entre deux stations successives, l'une au pied, l'autre au
sommet, en sorte que la lance n'a été mouillée que très-rarement
sur l'accore même, sauf aux n°ˢ 14, 16 et 24 cités plus bas.

Sur le sommet du banc, la lance enfonçait dans le sable coquillier de 10 à 16 pouces. Au pied du banc, la lance revenait souvent
émoussée et abîmée par la roche.

La carte n° 922 ne fournit pas toutes les sondes faites au plomb
et à la lance, pour ne pas nuire à la clarté.

Cependant, on y trouve douze points à fond de roche, entre parenthèses, indiqués par la lance.

Le calque général en donne dix-huit; mais déjà, dans ce travail
d'assemblage, M. Beautemps-Beaupré a supprimé une partie des
sondes et des qualités de fond fournis par la lance. En effet, dans
le dépouillement des cahiers de sondes, nous avons trouvé vingt-
quatre stations où la lance indiquait un fond de roche.

Nous allons transcrire ici ces indications d'après les cahiers d'observations des **27** et **28** juillet **1835**.

Stations de M. BEAUTEMPS-BEAUPRÉ (*Pointe Nord-Est du Varne*).

Nᵒˢ		Pieds.	
1	par	81	Lance. Coquilles brisées et moulues. La pointe recourbée.
2	»	80	Lance. Tuf jaune, 1 pouce. Aplatie de 4 lignes. C'est un véritable fond de roche.
3	»	77	Lance. Coquilles brisées, quelques pouces. Roche inférieure. Pointe abîmée.

Stations de M. DARONDEAU (*partie Nord du Varne*).

4	»	78	Lance. Gros sable roux. 8 pouces. Émoussée.
5	»	77	Lance. Gros sable roux. Fortement émoussée.
6	»	77	Lance. Galet. Fortement émoussée.
7	»	78	Lance. Sable fin roux. 16 pouces. Roche. Légèrement émoussée.
8	»	79	Lance. Gros sable roux. Coquilles. 7 pouces. Émoussée.
9	»	84	Lance. Roche pourrie. 3 pouces. Émoussée.
10	»	83	Lance. Sable fin roux. 3 pouces. Émoussée.
11	»	96	Lance. Sable fin roux. 6 pouces. Émoussée.
12	»	98	Lance. Sable fin roux. 3 pouces. Émoussée.
13	»	94	Lance. Sable fin roux. 3 pouces. Émoussée.

Stations de M. DE LA ROCHE-PONCIÉ (*sur la partie méridionale du Varne*).

14	»	28	Lance. Sable blanc et roux. Pointe rayée.
15	»	84	Lance. Peu de sable. Tordue.
16	»	54	Lance. Tombée sur le plomb qui marque roche.
17	»	60	Lance. Sable roux supérieur. Pointe émoussée.
Id.	»	14	Lance. Sable et coquilles moulues. 12 pouces.
18	»	81	Lance. Traces de sable. Tordue. Roche.
19	»	95	Lance. Sable. Légèrement émoussée et rayée.
20	»	84	Lance. Traces de sable. Pointe abîmée. Roche.
21	»	85	Lance. Sable supérieur. Roche inférieure. Pointe émoussée. Tuf jaune.
22	»	80	Lance émoussée.
23	»	88	Lance. Sable supérieur. Roche inférieure. Tordue.

Station de M. Dumoulin (*sur la partie méridionale du Varne*).

N⁰ˢ	Pieds.	
24	» 38	Lance. Légèrement émoussée. Coquilles moulues. Trace de sable.

Les n°ˢ 14, 16 et 24 donnent le fond de roche par les moindres profondeurs (de 28, 34 et 38 pieds).

Les n°ˢ 2, 9 et 21 donnent du tuf jaune ou de la roche pourrie.

Le plomb de sonde a quelquefois rapporté des fragments de madrépores, du petit gravier, le plus souvent du gros sable coquillier. Parfois il était marqué d'empreintes de galets, d'autres fois par la roche nue.

Keller.

NOTE 3.

ORIGINE DES BANCS DU DÉTROIT.

Note de M. Keller (Commission officielle du tunnel sous-marin).

Formation de la Bassure de Baas (rade de Boulogne). Explication de sa direction générale, de ses distances diverses au rivage, depuis Ambleteuse jusqu'à la baie de Somme ; de son interruption devant Alprech, de ses limites nord et sud ; de ses inégalités. Comment ces particularités dérivent de la constitution de la plage avoisinante mise en corrélation avec le banc par les courants de marée baissante. Comment le Varne et le Colbart, situés à mi-chenal, échappent à ce mode de formation récente par voie d'atterrissements, et ont une existence indépendante, antérieure au présent régime.

10 juin 1856.

Dans toute l'étendue de côte sablonneuse occupée par la Bassure de Baas, l'agitation de la mer soulevée par le vent fait entrer en suspension le sable et les particules liquides du fond, et l'eau est d'autant plus chargée de troubles qu'elle est plus voisine du rivage. Le courant de la marée baissante entraîne ces troubles vers le large et le sable descend peu à peu vers le fond par son propre poids, à raison d'un décimètre par douze minutes, ou de dix-huit mètres en six heures, durée de la marée baissante. Cette profondeur de dix-huit mètres est celle du pied de la Bassure de Baas.

Pendant le mouvement descendant ou de retrait de la mer, l'eau la plus chargée de troubles est celle partie du rivage à la haute mer. Sa vitesse vers le large s'arrêtant à l'instant de la basse mer, c'est à cet instant que les particules entraînées seront réparties sur une moindre surface sur le fond. C'est donc à l'extrémité du parcours de la marée baissante que se fera le dépôt le plus considérable des particules enlevées à la côte. Ces dépôts se renouvelant à chaque marée accompagnée d'agitation littorale, leur accumulation produira un banc à l'extrémité du parcours du courant de marée baissante. Mais l'agitation littorale ne pouvant faire entrer en suspension les galets et les fonds de roche, les plages ainsi constituées ne pourront fournir aucun aliment au banc, et celui-ci se trouvera forcément interrompu ou limité. Or, en effet, la Bassure de Baas ne s'étend pas au sud jusque par le travers du Hourdel, où commence la plage de galets de la côte de Normandie. Elle ne s'étend pas au nord d'Ambleteuse ou d'Audrecelles, où commence la plage des roches formant le soubassement du cap Grinez. Enfin, elle présente une solution de continuité près de la plage de roches du cap d'Alprech et du fort de l'Heurt, où l'agitation littorale ne trouve pas matière à troubler l'eau, et où le courant de marée baissante n'a presque rien à entraîner vers le large.

Cependant les lignes qui relient entre elles les limites homologues de la coupure de la Bassure et de la plage de roches d'Alprech s'écartent vers le nord de la perpendiculaire à la direction générale du rivage ; il en est de même des lignes reliant les limites nord et sud de la Bassure aux limites correspondantes de la plage de sable littorale. Mais ces écarts sont faciles à justifier par les gains de flot des courants parallèles au rivage, dont nous avons fait abstraction.

Les gains de flot résultent d'un excès du parcours du flot sur le jusant. Ces deux courants, parallèles à la côte, transforment le mouvement de va-et-vient des courants transversaux perpendi-

culaires à la côte de la marée montante et de la marée baissante,
en une courbe orbitaire décrite en sens inverse de la marche des
aiguilles d'une montre. Le grand axe de cette courbe mesure le
parcours des courants parallèles à la côte, et le petit axe mesure le
parcours des courants transversaux. Les six heures de la marée
baissante répondent à la moitié nord de l'orbite parcourue, et les
six heures de la marée montante à la moitié sud de cette orbite.
Ainsi, sans les gains de flot, une molécule partie du rivage à l'instant
de haute mer, occuperait au bout de six heures, à l'instant de basse
mer, l'extrémité du petit axe perpendiculaire au rivage, comme si
elle n'eût obéi qu'au seul courant transversal. Mais de même que
les molécules liquides sont entraînées plus loin vers le nord par le
flot qu'elles ne sont ramenées au sud par le jusant, le demi-parcours du flot excède le demi-parcours du jusant, et, par suite, la
molécule partie du rivage à l'instant de la haute mer ne se trouve
pas ramenée à l'instant de la basse mer par le travers de son point
de départ; mais elle en est encore en arrière vers le nord. Par suite
la ligne reliant ses positions occupées aux instants de la pleine mer
et de la basse mer s'écarte de la perpendiculaire à la côte vers le
nord. Il en est de même pour une particule de sable entraînée et
qui atteindrait le fond au bout de six heures. C'est pourquoi les
points de la Bassure et de la côte, mis en communication et en
corrélation de régime par le courant transversal de la marée baissante, se trouvent sur une ligne inclinée dans l'azimut du nord-
ouest. D'autres lignes inclinées vers le nord-est relieraient les points
extrêmes du parcours moléculaire pendant la marée montante; en
sorte que les particules entraînées, après avoir été mises en suspension par l'agitation, occupent, de six en six heures, les points de
rebroussement d'un zigzag progressant vers le nord.

Quant à la direction générale de la Bassure, et à ses distances
croissantes au rivage en allant du nord au sud, elles résultent de
l'augmentation des petits axes des orbites ou des parcours des
courants transversaux, en progressant dans le même sens, jusqu'à
l'ouvert de la baie de Somme, où les orbites directes sont sensible-

ment circulaires. A cet égard, la distance de la Bassure à la côte, considérée comme représentant partout la grandeur du parcours des courants transversaux, fournirait pour ceux-ci les vitesses suivantes, conformes à celles observées :

> Aux environs de Boulogne.   0,3
> A la pointe de Lornet (Canche). . . .   0,6
> A la pointe de Berck.   1,3
> A la pointe Saint-Quentin (Baie de Somme).   2,0

Ces vitesses se rapportent particulièrement aux molécules non influencées par l'action du vent et situées à une certaine profondeur. En effet, sous l'impulsion du vent, les molécules de la surface peuvent être refoulées vers la côte pendant la marée baissante, mais celles inférieures obéissent non-seulement au courant de la marée, mais encore à l'excès de la pression produite par les eaux accumulées par le vent sur le rivage ; en sorte que le parcours vers le large des molécules inférieures se trouve augmenté, pendant que le vent diminue, du parcours des molécules de la surface. A cet égard, l'on conçoit que des parcours observés en suivant un flotteur peuvent ne pas représenter une orbite de même amplitude que celles décrites par les molécules inférieures qui arrivent au banc, quoique celles de la surface ne puissent y atteindre ; car le transport des particules de sable présuppose l'agitation littorale par le vent du large qui pousse l'eau·de la surface vers·le rivage.

Les eaux les plus chargées de troubles pendant l'agitation littorale, à la pleine mer, arrivent de basse mer sur le banc pendant le jusant. Ce courant, ayant alors sa plus grande vitesse et étant parallèle au banc, répartit sur sa longueur les particules qu'il abandonne et, comme les plus légères demeurent plus longtemps en suspension, elles sont entraînées plus loin vers le sud que les particules plus lourdes. C'est pourquoi la tête du banc formé par ces dernières est au nord, et la queue au sud.

Cette particularité existe, tant au nord qu'au sud de la coupure de la Bassure de Baas. Elle se remarque également sur le Vergoyer, dont la distance à la Bassure mesure également le parcours des courants transversaux qui mettent ces deux bancs en communication, et l'on peut admettre par induction que la Bassure, agitée de haute mer, alimente le Vergoyer, de même que l'agitation littorale alimente la Bassure. De même aussi que la Bassure renvoie des alluvions à la côte de marée montante, le Vergoyer en renverrait à la Bassure. Une corrélation analogue pourrait bien être aussi l'origine ou la cause première des bancs parallèles au rivage de la côte de Flandre, et, dans ce cas, les hauts fonds en regard varieraient en sens inverse l'un de l'autre, et, considérés de deux en deux, leur régime varierait dans le même sens.

Quant aux bancs situés à mi-chenal, dans la région des courants alternatifs (le Colbart et le Varne), il n'est pas possible de les faire dériver d'alluvions soulevées par l'agitation littorale ; car il n'existe pas de courant latéral qui mette ces bancs en communication, soit avec le rivage, soit avec d'autres bancs rapprochés du rivage. En effet, à mi-chenal, il n'y a pas de raison pour que la marée montante se dirige plutôt vers l'une des rives que vers celle opposée. Il en est de même de la marée baissante. Par suite des courants longitudinaux existant seuls, leurs parcours sont rectilignes et non orbitaires. Les bancs de la Bassurelle, des Ridens, du Colbart et du Varne se trouvant à mi-chenal, et n'ayant par cette raison aucune communication latérale avec les troubles soulevés le long des rivages, ces bancs ne sauraient provenir d'atterrissements ou du transport des troubles littoraux vers le large. Ces bancs, échappant à cette cause de formation, doivent avoir une autre origine. Leur élévation, assez brusque sur le fond et les pentes roides de leurs talus latéraux, s'opposent également à l'idée de leur génération par mode de remblai. Cependant, ces bancs étant mis en communication mutuelle par les courants parallèles à leur direction, et dans le sens de leur longueur, ils peuvent se renvoyer leurs sables et, à la rigueur, les petits, tels que les Ridens et la Bassurelle, pourraient ainsi dériver des grands, ou du Varne et du Colbart. Mais, même en admettant qu'il en soit ainsi, l'on est toujours conduit à reconnaître à ces derniers une existence indépendante de toute formation récente par voie d'atterrissements, et par suite à les considérer comme des vestiges de l'isthme qui a pu relier autrefois l'Angleterre au continent.

Supposons un instant cet isthme existant, et cherchons à déterminer les forces en jeu qui ont dû amener sa destruction, pour découvrir comment le Varne et le Colbart ont pu résister à l'action de ces forces qui ont creusé et dénudé le fond de roches sur lequel ces collines s'élèvent, à la limite de séparation des marées plus fortes de la côte de France, de celles plus faibles de la côte d'Angleterre.

Pendant l'existence de l'isthme, l'onde-marée de la mer du Nord, ne pouvant pénétrer dans la Manche, les deux ondes du nord et du sud ne pouvant s'ajouter dans le détroit comme elles le font aujourd'hui, il semble de prime abord qu'au sud de l'isthme, la marée devait avoir une hauteur moindre que celle actuelle, de toute la hauteur de la mer du Nord ; mais, l'onde-marée du sud se réfléchissant au fond du golfe, et la hauteur de l'onde réfléchie, égale à celle de l'onde directe, s'ajoutant à cette dernière, leur somme excédait au contraire la marée actuelle du détroit de tout l'excès de la marée du sud sur celle du nord. Cet excès étant d'environ un mètre, il en résulte qu'au sud de l'isthme, ou au fond du golfe de la Manche, la marée devait être plus forte qu'elle n'est aujourd'hui dans le détroit, d'environ un mètre. Par un raisonnement analogue, on reconnaîtrait qu'au nord de l'isthme, au fond du golfe de la mer du Nord, la marée devait être plus faible d'environ un mètre que la marée actuelle du détroit.

L'on comprend que l'isthme, une fois suffisamment aminci, la dénivellation de 1 mètre entre les deux mers, au moment de la pleine mer, a pu déterminer des infiltrations du sud au nord, qui ont pu concourir à hâter la destruction de l'isthme. Il en est de même des infiltrations du nord au sud qui ont pu se produire de basse mer, celle du sud étant inférieure de 1 mètre à celle du nord. Mais, avant ce travail presque final, il a fallu que l'isthme fût rongé et aminci. D'un autre côté, une fois le sol abaissé jusqu'à la surface de la mer, il a encore fallu que le seuil de séparation des bassins des deux mers fût creusé jusqu'à sa profondeur actuelle.

Essayons de démêler le rôle de l'agitation de la mer et celui des courants de marées dans ces effets divers. L'axe du détroit faisant un angle de 45° avec la côte de Boulogne, qui est nord et sud, il se trouve avoir la direction tant des vents prédominants de sud-ouest, qui soulèvent la plus grosse mer dans la Manche, que de la houle. Ainsi, les lames les plus puissantes étaient perpendiculaires à l'isthme. La diminution progressive de la profondeur raccourcissant ces lames, tandis que leur surélévation au-dessus du niveau d'équilibre et leur abaissement au-dessous de ce niveau conservaient la même quadrature, le raccourcissement de leur base entraînait une augmentation proportionnelle tant de la hauteur du sommet que de l'abaissement du creux de chaque onde. Ainsi, le mouvement vertical des lames du sud-ouest prenait une intensité croissante, tant pour remuer le fond, faire entrer en suspension les parties ameublies et les livrer aux courants, que pour diviser les masses moins résistantes, soit par le frottement, soit par le choc de celles plus résistantes. Enfin, le déferlement de ces lames puissantes sur le rivage pendant la pleine mer minait le pied des falaises, et alors, la gelée aidant, des masses énormes durent être précipitées à la mer, puis divisées et délayées par l'agitation.

C'est ainsi que l'isthme se serait ouvert dans la direction sud-ouest, et aurait fait place au détroit. Mais l'on ne voit pas encore pourquoi le Colbart et le Varne n'ont pas été également détruits. Il nous faut donc trouver une cause d'inégalité dans l'agitation pour que ces bancs aient pu être préservés, d'autant plus que leur constitution géologique, constatée par M. Thomé, est de même nature que celle du cap Grinez. Or, le raccourcissement des lames, qui augmente leurs dimensions verticales, se produit non-seulement par la diminution de la profondeur, mais encore quand elles se propagent dans un courant dirigé en sens inverse de leur propagation. Ainsi là où ces deux causes d'augmentation du mouvement

vertical des lames coexistent, celles-ci acquièrent une puissance bien
supérieure. C'est donc pendant le jusant parallèle à l'axe du golfe,
et dirigé contre les lames prédominantes, que celles-ci durent acquérir leur plus grande puissance. La vitesse du jusant, proportionnelle à la grandeur de la marée, entrant ainsi en ligne de compte,
l'on voit de suite que le point de l'isthme où le mouvement vertical
de la marée était le plus fort, devait être le plus vivement attaqué par
les lames. C'est donc sur la côte de France, où les marées sont plus
fortes que sur celle d'Angleterre, que le creusement de l'isthme a
dû être plus rapide. Ce creusement a d'abord produit une baie, puis
celle-ci s'est allongée en forme d'estuaire dont la côte du fond seule
recevait l'impulsion perpendiculaire de la lame sud-ouest. Cette
lame, frappant obliquement les rives latérales de l'estuaire, n'agissait sur elles que par une composante relativement beaucoup plus
faible. Ces rives ont donc pu résister par cela même plus longtemps.
En même temps l'agitation faisant entrer en suspension les particules du fond sous-marin de l'estuaire, sa profondeur se creusait, y
attirait les eaux, et la masse du courant de jusant se trouvant ainsi
augmentée, sa vitesse plus grande dans l'axe de l'estuaire y augmen-
tait l'énergie des lames, et par suite leur puissance de creusement.
Les eaux se portant toujours naturellement dans le thalweg, l'on
voit que l'inégalité de l'agitation, initialement assez faible, a dû
augmenter progressivement, et que les flancs est du Varne et du
Colbart ont pu être amenés à leur état actuel par les érosions initiales et demeurer invariables pendant et depuis le percement du
reste de l'isthme.

D'un autre côté, la nature de la constitution géologique de ces
bancs, plus résistante que celle des terrains de l'isthme qui occu-
paient le même niveau du côté de l'Angleterre, explique comment
ces derniers terrains ont pu être enlevés par la mer, quoique soumis
à un courant de jusant plus faible, et par suite à une moindre agitation ; tandis que le Varne et le Colbart ont pu résister et demeurer
à l'état de collines sous-marines isolées. (Voyez le diagramme géologique.)

D'après ces considérations, la profondeur relative des deux thalwegs, à l'est et à l'ouest du Varne, serait en raison directe de la grandeur des marées, ou de la vitesse du jusant sur les deux rives opposées de France et d'Angleterre. Et la profondeur absolue de de ces thalwegs, en la considérant comme devenue invariable, représenterait un état d'équilibre parfait entre la résistance du sol sous-marin et la puissance d'action des lames locales à cette profondeur ; de sorte que si l'une de ces forces était connue, elle donnerait la mesure de l'autre.

Enfin il ressort également de ces considérations que la profondeur du thalweg compris entre la Bassure de Baas et la côte de Boulogne et de Picardie a été creusée et entretenue par l'agitation soulevée pendant le jusant, soit par le vent du sud-ouest, soit par la houle. Le courant de flot, au contraire, étant dirigé dans le sens de la lame, l'allonge et affaiblit son mouvement vertical. Ainsi ce courant est sans action sur le fond ; il n'entre donc pour rien soit dans le creusement des passes, soit dans la production des bancs, et n'a d'autre rôle que de transporter vers les rivages les troubles soulevés au large pendant le jusant.

Keller.

NOTE 4.

REMARQUES SUR L'ENTRÉE DU PORT DU VARNE.

Note de M. Keller (Commission officielle du tunnel sous-marin).

10 juin 1856.

L'entrée projetée a l'inconvénient d'être longue, et d'être ouverte au sud-ouest, direction des vents dominants qui soulèvent une très-grosse mer sur le Varne. Les navires auraient à redouter cette entrée. Ceux venant de l'ouest auraient à franchir le banc dans une partie dangereuse, et l'intérieur du port ne leur offrirait qu'un calme très-imparfait.

L'angle rentrant dans lequel se trouve située l'ouverture Sud-Ouest du port, rendrait l'appareillage à la sortie très-difficile avec les vents de la partie d'ouest qui sont prédominants.

Pour éviter ces inconvénients, nous proposons de placer l'entrée dans l'angle est du port (Voyez le plan de l'Etoile du Varne, Pl. II, *fig.* 3).

Cette entrée se trouverait abritée des vents les plus violents de la partie de l'Ouest, et l'intérieur du port jouirait d'un calme parfait.

L'appareillage à la sortie se trouverait possible même avec des vents d'est et avec les vents de la partie ouest. Toutes les directions comprises entre le nord-ouest et le sud-ouest, en passant par l'est, dans les trois quarts du tour d'horizon, pourront être immédiatement prises à la sortie.

L'entrée étant très-courte, les navires n'auraient pas à redouter d'avaries, une fois engagés, et ils pourraient pénétrer dans le port à pleine voiles pour les directions de vent de la partie de l'est comprises entre le nord et le sud. Par les vents d'ouest ils se trouveraient abrités soit par l'un ou par l'autre môle de l'entrée, et pourraient décharger à quai sans pénétrer dans le port, ou s'y faire haler à bras.

En résumé, l'entrée se trouverait affranchie de l'agitation soulevée sur le Varne. Son accès se ferait à l'abri par les vents contraires de la partie de l'ouest, et à pleines voiles par les vents favorables de la partie de l'est peu fréquents et faibles d'intensité. Enfin les conditions nautiques les plus favorables se trouveraient assurées à la sortie.

Le phare trouverait sa place à l'extrémité de l'un des môles, dans le voisinage de l'entrée.

Les éperons du nord et du sud pourraient être conservés tels qu'ils sont proposés; mais celui de l'ouest n'aurait aucune utilité, attendu que les navires n'iront jamais chercher un abri sur le Varne, le long de la partie sud de l'îlot. Par la même raison il n'y aurait aucune nécessité d'établir sur cette face un quai de déchargement extérieur.   KELLER.

NOTE 5.

**RENSEIGNEMENTS SUR QUELQUES MACHINES PROPRES A PERCER
LES GALERIES SOUTERRAINES.**

Note remise par l'Auteur sur la demande de la Commission officielle du tunnel
sous-marin.

20 juin 1856.

Messieurs,

Dans une de vos dernières réunions, où vous avez bien voulu
m'admettre à l'honneur d'être entendu, vous m'avez invité à vous
préciser, dans une note, les renseignements qui pourraient être
à ma connaissance et mes idées personnelles sur le moyens
propres à suppléer aux bras de l'homme dans le percement des galeries souterraines.

Les machines employées dans ce but comme auxiliaires de la
main-d'œuvre peuvent présenter deux systèmes distincts, applicables à deux destinations, suivant la résistance des milieux:

1° *Aux roches pierreuses*, attaquables à la poudre, et dont la
dureté varie depuis les calcaires agrégés jusqu'au granit et au
quartz;

2° *Aux roches terreuses*, moins résistantes, telles que les diverses
argiles et les dépôts calcaires faiblement agrégés.

Un appareil applicable au premier cas a été éprouvé par M. Bartleet, avec le plus grand succès, sur le chemin de fer de Savoie, pour
ouvrir les tranchées dans la roche dure. Il va recevoir une application intéressante dans le percement de l'arête du mont Cénis, entre
Modane et Bardonèche, par un tunnel long de 12 kilomètres sans
puits, que la compagnie du chemin de fer Victor-Emmanuel vient
enfin d'être autorisée à ouvrir sous les Alpes.

Cet appareil, construit pour forer les trous de mine dans toutes
les directions, consiste en un trépan mû par une machine à vapeur

locomobile, qui imprime à cet instrument deux mouvements combinés.

Le mouvement qui produit la percussion est alternatif et se transmet directement par la bielle de la machine. L'autre mouvement est un mouvement de rotation sur l'axe de figure, déterminé par la fusée de la bielle, au moyen de pignons d'angle et d'un arbre de transmission qui imprime une révolution continue à la tige de l'outil.

Un jet permanent d'eau froide, lancé par la machine jusqu'au fond du trou de mine, maintient la basse température de la roche et de l'instrument, en même temps qu'il chasse au dehors les débris égrenés, par le vide existant entre l'outil et les parois du trou.

Le trépan frappe de 60 à 70 coups par minute, en moyenne, soit environ un millier de coups dans le quart d'heure que dure le foncement du trou à la profondeur d'un mètre. Son avancement est donc d'un millimètre par coup environ. L'énergie de l'instrument consiste dans la mesure de sa vitesse, qui subdivise la puissance en proportion du peu de résistance à vaincre pour égrener une aussi faible zone de roche. Aucun coup n'est perdu. Chacun d'eux correspond à une dépense de percussion peu considérable, dépense entièrement convertie en travail utile.

On le voit, cet appareil est élémentaire et dégagé de toute complication; mais la conception remarquable et hautement ingénieuse du système, c'est l'interposition d'un coussin d'air comprimé dans la ligne du mouvement, entre le piston propulseur et l'outil. Ce coussin d'air reçoit et transmet la percussion et régularise le choc par son élasticité. Cette élasticité produit une énorme économie dans l'usure de l'outil, en permettant de ne le changer que lorsque la machine a exécuté son travail en entier, ou lorsqu'il est nécessaire d'employer un outil plus long. Elle a en outre pour résultat de ménager les organes de la machine, qui n'ont pas à subir directement la réaction de la roche sur l'outil.

Le biseau du trépan varie en largeur de 6 à 10 centimètres, suivant le diamètre des trous à percer.

On peut apprécier le travail de cette machine sur les roches gra-
nitiques et les grès, par la note suivante transmise à ma demande
par M. Ernest Mayer, l'ingénieur du matériel du chemin de fer
Victor-Emmanuel.

*Résultat du travail des machines à percer les trous de mine
sur le chemin de fer Victor-Emmanuel.*

« 1° Trous de 6 centimètres de diamètre, percés par la machine à
« 1 mètre de profondeur, en *quinze minutes.*

« Les mêmes trous percés à la main, à 1 mètre de profondeur,
« demandent *cinq heures de travail.*

« 2° Trous de 10 centimètres de diamètre et 1 mètre de profon-
« deur, percés par la machine en *quarante minutes.*

« Les mêmes trous, percés à la main, demandent *dix heures de*
« *travail.* »

Je n'ai pas de renseignements aussi précis sur une prétendue
machine *Talbot*, destinée au percement des galeries dans l'argile.
Je crois en avoir lu la description, il y a quelques années, dans un
journal français. Elle paraît consister :

1° En un cylindre ou anneau en fer, denté en scie à son extrémité antérieure, mû par une machine à vapeur qui lui imprime un
mouvement rotatif continu. Le diamètre de cette scie serait variable, suivant la dimension adoptée pour la galerie d'axe, et in-
scrirait même, dit-on, jusqu'au diamètre entier de l'extrados d'un
tunnel de chemin de fer à une voie ;

2° En un foret central perçant un trou destiné à l'abatage de la
masse détachée par la scie.

Je n'ai pu me procurer ni les dessins ni l'état du travail de cette
machine. On prétend qu'elle fonctionnerait aux Etats-Unis d'Amé-
rique dans des conditions très-économiques. Mais nous ne pouvons
accueillir ces renseignements que sous réserve de plus sérieuses
informations.

A défaut de notions plus précises, on ne peut se prononcer sur le
mérite d'un tel appareil pour le milieu que nous proposons de tra-

verser. Une semblable machine doit exiger pour sa marche une grande régularité de texture dans la roche argileuse, régularité qui ne se rencontre pas toujours.

Quand l'argile est peu résistante, comme l'argile d'Oxford et l'argile wealdienne, elle est très-facilement abattue par la pioche ; mais on conçoit que, dans un cas pareil, il soit possible de substituer au travail du pionnier celui d'une piocheuse mécanique mue par la vapeur, analogue à la piocheuse rotative imaginée par MM. Barrat, pour le défoncement des terres arables. En faisant agir sur la surface d'une section verticale les hoyaux de ce scarificateur, destiné par son auteur à effondrer le sol, on obtiendrait un déblai continu très-considérable dans les roches argileuses. Sans aucun doute, l'emploi de la piocheuse Barrat, modifiée pour cette destination, serait un double bienfait, en substituant un avancement rapide au travail de main d'homme, si pénible pour les mineurs qui s'excèdent en vue d'un résultat très-limité.

Quand l'argile est dure et mêlée de rognons et feuillets pierreux, telle que l'argile de Kimmeridge, on peut la traiter comme la craie compacte, en l'attaquant à la poudre ; cas auquel la machine à trépan recevrait de préférence son application. C'est donc sur la machine Bartleet, actuellement éprouvée avec succès dans la pratique, qu'il faut principalement compter, quant à présent, pour abréger la durée du travail proposé, tant dans les roches dures que dans celles de consistance moyenne, attaquables à la poudre.

L'emploi de cette machine généralisé peut rendre de grands services, *en attendant que l'industrie mécanique nous ait mis en possession d'engins nouveaux, à vapeur ou à air comprimé, disposés pour l'attaque directe de la roche par l'acier, sans l'intermédiaire de la poudre.* La poudre, si utile à ciel ouvert, est un auxiliaire dangereux et gênant dans les galeries souterraines ; en outre, la dépense de cet agent est hors de proportion avec le résultat obtenu.

En présence des résultats produits par la machine Bartleet, on peut même, dès à présent, regarder la question de *l'attaque directe des roches dures par l'acier* comme économiquement résolue. En effet, la machine Bartleet, destinée à forer les trous de mine, ne produit, dans cette fonction, qu'un travail préparatoire et limité. Mais si, au lieu de la considérer comme engin préparatoire, nous acceptons le travail direct de cette machine comme travail final, il ne restera plus qu'à expérimenter sa puissance appliquée à la section entière ou partielle d'une galerie d'axe de quatre mètres de surface, en multipliant sur cette surface les trépans de la foreuse. La mesure du foncement de cette foreuse étant proportionnelle à la surface attaquée, et le trépan individuel n'attaquant à chaque coup qu'une parcelle de roche minime, la dépense de la force de percussion et l'usure de l'outil sont également réduites. On conçoit donc qu'il soit possible, avec une machine de très-modique force, d'appliquer un système de tels trépans *à percussion rotative*, dont l'action individuelle et simultanée offrirait, en raison de sa vitesse, une marge énorme d'avancement. Le principe est trouvé et expérimenté. Il ne reste plus qu'à en généraliser l'application pour *l'attaque directe des roches par l'acier*, la seule voie vraiment économique dans laquelle puissent actuellement s'engager avec succès les mécaniciens et les mineurs.

Dans le forage du puits artésien de Passy, entrepris à ses risques, M. Kind démontre aujourd'hui la possibilité de foncer un puits vertical à grand diamètre, au moyen d'un bélier à vapeur, à une profondeur de plusieurs centaines de mètres, dans une mesure d'avancement inespérée. L'ingénieux mineur saxon ne doute pas de la possibilité d'appliquer avec un très-grand succès un bélier à vapeur à la propulsion horizontale et rotative de son trépan polydonte. Un semblable engin, placé immédiatement sous l'œil et la main du mineur, peut produire un avancement dont le forage d'un puits vertical ne peut donner l'idée. Mais précisément parce que, dans un cas pareil, cet engin fonctionnerait directement sous l'œil du mineur, nous croyons préférable, au lieu de procéder au moyen d'un trépan unique à grand diamètre, de lui substituer un système subdivisé d'organes perforants d'un diamètre restreint, à percussion successive ou simultanée.

J'ai ouï parler d'une machine à entailler la houille dans les galeries, employée, il y a une quinzaine d'années, à la mine de Long-Pendu (Saône-et-Loire). Elle consistait en une roue de fonte portant à sa circonférence une série de pics articulés. Ces pics mobiles étaient lancés par le mouvement centrifuge de la roue contre la roche, et frappaient chacun un coup en passant, puis se repliaient pour éviter les ruptures. Cette roue était mise en mouvement à l'instar d'un volant, par une manivelle à bras d'homme.

Puisque j'ai déjà parlé de la piocheuse Barrat, construite pour l'agriculture, je ne puis passer sous silence la défonceuse Guibal, destinée à l'ameublissement du sous-sol dans la raie ouverte par la charrue. La défonceuse Guibal consiste en un disque de fonte, denté en étoile, agissant sur le sol en vertu de son poids. On peut tirer un grand parti de l'application immédiate de ces engins élémentaires pour la construction d'un *bélier de déblai* qui réunirait ces disques étoilés en un système analogue au rouleau squelette de Mathieu de Dombasle. Ce bélier, composé d'un ensemble de tels rouleaux, étagés et soumis à un mouvement rotatif continu, lancerait en arrière les fragments du déblai contre un bouclier, d'où ces débris rouleraient dans le chariot d'émission. Mû par la vapeur, cet appareil décuplerait, centuplerait même les forces de l'homme. Par là se trouverait résolue la question de temps qui a dû si souvent entraver et faire ajourner l'exécution de travaux utiles, analogues à celui dont le projet vous est soumis.

Voici, suivant l'état des lieux fourni par le diagramme annexé, et sauf vérification, quel serait le compte sommaire et approximatif des natures de roches dans la longueur des galeries à traverser pour le percement du tunnel sous-marin.

Roches argileuses.

Argile d'Oxford. . . 5,000 mètres }
Argile wealdienne. . 2,500 — } 7,500 mètres, attaquables à la pioche.

Argile de Kimmeridge.. . . . . . 7,500 mètres, en grande partie attaquables à la pioche et partie à la poudre.

———

Longueur des galeries dans l'argile 15,000 mètres.

Roches pierreuses attaquables seulement à la poudre.

Grande oolithe.	8,000 mètres.
Calcaire corallien.	3,000 —
Grès portlandien.	3,000 —
Grès verts agrégés.	2,000 —

Longueur des galeries dans les roches pierreuses   16,000 mètres.

Si la proposition d'établir des puits intermédiaires d'extraction foncés sur des îlots factices était acceptée, le calcul pour la durée du percement se trouverait circonscrit sur des sections de quinze cents mètres par chaque atelier, ainsi que nous l'avons exposé au chapitre XVIII de l'avant-projet soumis à votre examen.

Au moyen d'un appareil à vapeur pour percer les trous de mine dans un temps vingt fois plus court que le forage à main d'homme, ou bien encore au moyen du bélier à trépan de M. Kind, il semblerait que l'on dût obtenir, dans l'ouverture de cette galerie souterraine, un avancement rapide, circonscrit dans un temps probablement moindre que le délai indiqué.

Après avoir fait l'examen du travail soumis à sa compétence, la Commission officielle du tunnel sous-marin paraît disposée à conclure à la demande au gouvernement de crédits pour le foncement de puits et de galeries d'essai, dans le but d'obtenir la vérification que je sollicite pour mon étude du massif submergé. Il ne semble pas que sa mission puisse s'arrêter au point où la question prend un si haut intérêt scientifique et économique. La Commission ne saurait abdiquer ainsi prématurément son mandat, pour le laisser à des continuateurs inconnus. La conclusion à laquelle elle paraît s'arrêter semble au contraire impliquer le fait de sa permanence, pour diriger ultérieurement par des instructions la vérification souterraine dont elle reconnaît l'utilité, et se prononcer sur les résultats des forages proposés.

Conjointement avec la vérification physiologique des roches et des gisements aquifères subordonnés, si la Commission du tunnel est décidée à résoudre d'une manière complète la question de temps, si importante dans l'œuvre dont le projet lui est soumis, elle appréciera la convenance de faire appel, par un concours rémunéré, aux mécaniciens français et étrangers, pour les meilleurs appareils d'avancement dans les galeries de mine. Il n'est pas douteux que l'industrie mécanique, ainsi mise en demeure et déjà prête, ne présente immédiatement des engins puissants, capables de réaliser le but désiré, dans un temps plus court que le délai assigné dans mes prévisions. L'épreuve de ces appareils pourrait se combiner avec le foncement des galeries d'essai, et l'abrégerait peut-être beaucoup. L'examen pratique de ces machines par la Commission paraît d'autant plus motiver la nécessité de sa permanence.

J'ai l'honneur d'être, Messieurs, votre très-respectueux serviteur.

THOMÉ.

NOTE 6.

APERÇU GÉOLOGIQUE DU CARACTÈRE DIFFÉRENTIEL DES GISEMENTS DE LA GRANDE OOLITHE, DANS LE CENTRE ET LE NORD DE LA FRANCE.

Le passage du tunnel sous-marin, dans une partie de son parcours à travers la grande oolithe, a soulevé des objections de la part de constructeurs connus par des monuments remarquables et qui sont disposés à préjuger des conditions physiologiques de cette roche par les spécimens locaux qu'ils ont affouillés pour le besoin de tranchées, de coupures ou d'extractions. Par une méprise, naturelle d'ailleurs, provenant de la qualification générique de cette roche, on est porté à conclure, *à priori*, à son identité générale.

Mais les roches oolithiques, comme tous les terrains secondaires, affectent des caractères très-différents, suivant les circonstances locales qui ont présidé à leur dépôt et plus tard à leur émersion.

Ainsi, la zone de grande oolithe par nous observée, qui s'étend à travers la France, depuis le Nivernais jusqu'à l'Aunis, et s'étale sur le Poitou, présente le caractère incontestable d'une grande dislocation, notamment à ses points de contact avec les roches cristallines d'épanchement des massifs limousin et vendéen. Les commotions terrestres prolongées qui ont produit ou accompagné l'émersion de ces couches jurassiques ont profondément troublé leur horizontalité géologique et altéré les conditions de leur stratification par d'innombrables fendillements, dans lesquels des terrains supérieurs se sont successivement logés. Dans plusieurs de ces régions, les gisements souterrains de la grande oolithe présentent des traces d'émersions et d'immersions alternatives durant lesquelles cette roche, tantôt exposée à l'atmosphère, tantôt submergée, puis recouverte de dépôts postérieurs, a subi, par ces diverses oscillations de son niveau, des altérations très-remarquables.

Si le caractère de fendillement et de désordre, inhérent à l'oolithe poitevine, se présentait dans les prolongement sous-marins de l'oolithe boulonaise, et si le sommet d'une telle roche était en contact avec le fond de la mer, ce qui n'est pas démontré (voyez le Diagramme), il est évident que le percement du tunnel sous-marin par un tel milieu offrirait le danger d'un continuel imprévu, et justifierait pleinement les objections introduites à l'égard de la perméabilité de la grande oolithe. Le mieux serait alors d'abandonner le tracé proposé par cette roche, et de passer par les étages qui lui sont inférieurs.

Mais rien de semblable n'est observé dans la région oolithique locale du nord de la France, dont les deux limites affleurent dans le Boulonais et au centre de l'Angleterre. Là, les couches sont stratifiées en lits presque horizontaux, dont les joints très-serrés sont parfois même peu perceptibles à l'œil. En dehors des points extrêmes de leurs affleurements, on remarque de grandes failles, brusques troncatures produites sans doute par la dislocation des terrains carbonifères, qui sont les berges initiales de la mer jurassique. Ces failles sont remplies de minerai de fer exploité, emballé

dans une argile ferrugineuse très-compacte (Voyez les n°° 7 et 8 de
l'*Écrin géologique*). Mais ces amas d'oolithe ferrugineuse, antérieurs
eux-mêmes à la formation de la grande oolithe, n'ont pas éprouvé
depuis leur dépôt ces dislocations que semblerait justifier d'abord
leur état confus apparent. Ces limons ferrugineux ont été déposés
sur la roche carbonifère fendillée, tronquée et accidentée à l'excès,
et ils se sont logés dans les failles et interstices des pitons que présentait alors le relief du terrain carbonifère dont leur dépôt a opéré
le nivellement par voie de remblai. Telle est du moins la condition
générale de ces gisements ferrifères par nous observée dans les
terrains houillers de France et d'Angleterre.

La grande régularité dans l'assiette des couches oolithiques est
un indice remarquable attestant que dans cette région l'étage jurassique et la grande oolithe en particulier n'ont pas été, pendant
et depuis leur dépôt, troublés dans leurs conditions d'horizontalité
par des causes de dislocation venues d'en bas, ni par des érosions
notables à la zone supérieure, sur laquelle les deux puissantes assises d'argile oxfordienne et kimméridienne paraissent s'être immédiatement déposées en succession lente mais continue, et sans
période appréciable de perturbation.

Ce caractère différentiel de la grande oolithe boulonaise, com-
parativement à sa congénère du Poitou, appréciable déjà aux affleurements apparents, pourra se constater d'ailleurs au moyen du
foncement de puits de mine, devenu nécessaire pour la vérification
de notre étude. Mais il est une remarque sur laquelle on ne saurait
trop insister, sous peine de grandes erreurs, c'est que les conditions
variables des roches congénères ou équivalentes, suivant les distances et les lieux, imposent la plus grande réserve dans les appréciations géologiques auxquelles on est parfois entraîné, à défaut de l'examen local des terrains.

THOMÉ.

NOTE 7.

Les obstacles rencontrés pendant la construction du tunnel de la
Tamise sont la grande objection introduite *à priori* à l'égard du
tunnel sous-marin projeté. Au point de vue de ce travail, il est en
effet naturel de chercher *des précédents*, et une apparente analogie
semble conduire à l'examen des difficultés éprouvées dans le percement du tunnel de Londres.

Le premier essai de tunnel sous la Tamise fut tenté, il y a environ quarante ans, à Rotherhithe, à deux mille mètres au-dessous
du point où le célèbre ingénieur Brunel perça depuis le tunnel de
Londres. Avant d'avoir atteint la longueur de deux cents mètres,
le tunnel de Rotherhithe, ouvert dans la couche d'*argile de Londres*,
fut abandonné pour toujours, à cause des dangers insurmontables
produits par les irruptions de la Tamise. Brunel, au moyen de l'ingénieux bouclier mobile par lui construit pour protéger le travail
des ouvriers, eut l'audace de reprendre ce projet dans Londres même
en 1824, et eut l'honneur de le terminer. Les difficultés graves qu'il
rencontra, résultant de la nature des milieux traversés, ne furent
pas moindres que si l'on eût dû accomplir l'œuvre à travers la
masse liquide de la Tamise. En effet, l'inconsistance connue des terrains plaçait le projet dans les conditions les plus dangereuses, mais
prévues à l'avance par son auteur, et Brunel dut déployer, pour
triompher de ces obstacles, toutes les ressources de son génie auda-
cieux et imperturbable.

Le terrain qui supporte la Tamise est une argile de formation
tertiaire, dite *argile de Londres*, reposant elle-même sur un lit de
sable aquifère de quinze mètres, qui sépare l'argile de Londres du

dépôt inférieur d'*argile plastique*. L'œuvre du percement fut entreprise entre les deux couches supérieures de sable et d'argile de Londres, ce qui eût permis de cheminer avec sécurité, si la couche d'argile de Londres se fût maintenue à une épaisseur suffisante ; mais au milieu de la Tamise cette couche devint tellement mince, qu'elle fléchit et occasionna plusieurs irruptions du fleuve dans les travaux.

La première de ces irruptions fut si considérable, qu'elle détermina un véritable entonnoir par où l'eau de la Tamise se logea directement dans la galerie du tunnel et la submergea. Pour réparer cette avarie et poursuivre son œuvre, violemment interrompue, l'infatigable Brunel s'avisa de restaurer le lit du fleuve, ébréché par cet accident, en jetant dans ce but, au milieu de la Tamise, jusqu'à trois mille mètres cubes d'argile en sacs. Cette chape gigantesque ayant isolé de nouveau le monument, Brunel put épuiser les eaux qui l'avaient envahi, et continua son travail, qui plus tard fut encore gêné, mais non arrêté, par des accidents beaucoup moins graves.

Il est évident, pour quiconque possède les plus simples notions de physiologie minérale, que la nature des terrains tertiaires de la Tamise n'offre aucune similitude ni même aucune analogie avec celle des formations secondaires du détroit. Il n'y a donc pas lieu d'établir de comparaison entre les projets de deux monuments placés dans des conditions aussi dissemblables.

Il est également constant que la limite du niveau du tunnel sous-marin n'étant pas, comme au tunnel de Londres, impérieusement circonscrite, on pourra l'abaisser à une profondeur telle, qu'il restera, entre l'ouvrage et le fond de la mer, un ciel de roches assez épais pour préserver le monument des accidents graves que le trop proche voisinage du thalweg du fleuve a occasionnés dans le passage sous la Tamise. Tel est, du moins, l'avis des mineurs les plus expérimentés, qui sont à cet égard les praticiens les plus compétents.

Pour bannir la confusion où entraîne l'apparente analogie du tunnel de Londres et du tunnel sous-marin, il convient de rechercher quels sont les monuments traversant des terrains identiques à ceux du massif submergé.

Parmi ces monuments, on peut en citer deux qui ont le plus de similitude avec celui que nous proposons, eu égard à la condition physiologique des milieux :

1° Le tunnel de *la Nerthe*, percé par le chemin de fer d'Avignon à Marseille, à travers les terrains jurassiques, dans une masse comparable à celle des sections du tunnel sous-marin, du côté de la France ;

2° Le tunnel de *Saltwood*, sur le chemin de Douvres à Londres, traversant par une galerie horizontale les couches les plus aquifères des grès verts, dans des conditions identiques à celles que présentent les terrains submergés du détroit, dont ces couches ne sont que le prolongement immédiat.

Le tunnel de la Nerthe (4,620 mètres) n'a pas présenté de notables difficultés d'exécution.

Celui de Saltwood (872 mètres) en a offert de très-grandes. On peut regarder son percement comme un exemple local des plus grands obstacles affrontés et vaincus en ce genre d'ouvrages. En effet, dans les mines, on ne traverse en général les nappes d'eau que par des sections perpendiculaires à ces nappes, et par cela même assez courtes, tandis qu'à Saltwood on a cheminé horizontalement dans la nappe elle-même. Le maximum d'épuisement des eaux s'éleva un jour à la masse énorme de 170 hectolitres par heure.

Ce sont des difficultés de cette nature qu'il faut s'attendre à rencontrer dans la traversée des grès verts sous-marins. Elles sont assez sérieuses par elles-mêmes pour qu'il soit inutile de supposer des obstacles imaginaires, en comparant des situations sans similitude ; comparaison qui peut se préjuger, en l'absence de toutes données, mais que ne saurait autoriser l'examen des lieux.

THOMÉ.

NOTE 8.

ISTHME DE DOUVRES.

NOTE DE L'ÉDITEUR.

Le mémoire qui traite du projet de l'*isthme de Douvres* et des questions hydrographiques relatives aux deux mers entre lesquelles cette création devait s'interposer a été écrit, ainsi qu'on l'a vu, à une époque où l'auteur doutait encore de la possibilité de proposer un tunnel. Ce mémoire devait être annexé au présent ouvrage; mais l'étendue des deux textes et le nombre des planches à l'appui ayant paru plus que doubler le volume relatif au tunnel, l'auteur croit actuellement convenable d'en différer la publication. La substance générale de ce travail, désormais abandonné comme étude locale, trouvera naturellement sa place dans deux écrits que l'auteur va publier prochainement. le premier : *Examen comparatif et expérimental des angles d'inclinaison dans les plages maritimes et dans les ouvrages à la mer*; le second : *Des détroits et des isthmes*; écrit dans lequel l'auteur examine les bases des études à faire sur chacune de ces positions géographiques, au point de vue de la circulation des peuples, sur les Océans et les mers intérieures. Dans cet ouvrage, la question de l'isthme de Panama est présentée sous un aspect nouveau, et l'étude des voies de jonction des contrées baltiques offre un degré d'avancement capable d'en éclairer complétement la condition pratique. On se bornera, quant à présent, à donner, à la suite de cet appendice, le sommaire du mémoire sur l'*isthme de Douvres*, qui résume l'idée générale de cette conception.

Sommaire des chapitres contenus dans le Mémoire concernant ce projet.

CHAPITRE Ier. — Aperçu de la circulation entre l'Angleterre et la France. Opportunité de créer une voie ferme sur le détroit de Douvres. Divers moyens proposés dans ce but. Etude d'un pont tubulaire sur massifs de pierres. Aperçu des dépenses excessives. Pont tubulaire sur colonnes de fonte. Impossibilités pratiques en raison de la nature géologique du fond sous-marin et de l'hydrographie locale. Prismes squelettes en fonte. Instabilité. Tunnel souterrain. Etude interrompue par la difficulté de raccorder des divergences géologiques, et l'insuffisance de notions précises sur le massif submergé. Projet d'un isthme d'enrochements. L'idée d'appuyer un isthme sur le détroit est suggérée comme restauration d'un régime géographique préexistant. Lambeaux géologiques attestant l'existence antérieure d'un isthme, disparu par dénudation. Combinaison des forces physiques pour réaliser cette restauration.

CHAPITRE II. — Coup d'œil sur la condition générale des digues naturelles et factices en contact avec la mer. L'existence des digues factices est subordonnée aux mêmes lois que celle des digues naturelles. L'intensité de destruction dans les falaises sédimentaires est proportionnelle à l'écart des températures extrêmes du climat. Loi générale présidant à l'altération du relief des continents. Formule de cette loi. Loi particulière aux contrées polaires, subordonnée à l'état solide de l'eau. Formule de cette loi. Loi particulière aux contrées intertropicales, subordonnée à l'état liquide et vaporisé de l'eau. Formule de cette loi. Loi particulière aux contrées tempérées, subordonnée aux trois états physiques alternatifs de l'eau. Condition complexe augmentant l'énergie du phénomène de destruction des sédiments émergés. Essai d'une formule complexe de cette loi. Lenteur relative de ses effets dans la période actuelle.

CHAPITRE III. — Des angles d'inclinaison dans les plages maritimes. Erosion fragmentaire produite sur les plans inclinés par l'agitation de la mer. Séries d'observations. Moyenne déduite de ces séries. Tableau de soixante-cinq moyennes résultant de relevés clinométriques sur les cordons littoraux, depuis Royan jusqu'à Paimbœuf, et depuis la baie de Seine jusqu'à l'Escaut. Limite où l'inclinaison des talus maritimes modifie ou suspend la loi de désagrégation mécanique des sédiments en contact avec la mer. Comment les débris des continents ne peuvent, dans l'état actuel du relief de l'écorce terrestre, concourir à la construction méthodique de continents nouveaux. Déserts arénacés sous-marins. Concrétions madréporiques. Exception locale des atterrissements côtiers, due à l'action de courants littoraux subordonnés. Faible importance de ces exceptions. Loi générale présidant au transport des particules et à la formation de ces dépôts. Sort des troubles envoyés à la mer par les rivières et les fleuves. Décantation produite à l'embouchure des fleuves par les courants fluvio-marins. Importance des troubles mis en suspension par le jusant des marées, et entraînés dans les abîmes par les courants du large.

CHAPITRE IV. — Absence de préceptes précis et d'observations comparées sur les ouvrages à la mer. Méthodes empiriques qui ont prévalu jusqu'à ce jour. Système confus des roches perdues. Conditions dispendieuses de son application. Ecole française. Ecole anglaise. Falaises factices. Blocs factices. Plages factices. Opportunité de suppléer à la méthode empirique encore en vigueur par quelques formules clinométriques déduites de l'observation des faits naturels.

CHAPITRE V. — Condition statique des monuments construits dans la mer. Condition dynamique des milieux. Agitation constitutionnelle de l'onde marée. Agitation accidentelle due au soulèvement de l'onde par les vents. Application des données qui précèdent à la construction des ouvrages à la mer. Infériorité des falaises factices. Expédients tentés pour consolider ces ouvrages. Préférence à donner suivant les lieux aux murailles verticales ou aux plages factices. Trépidation permanente des enrochements pénétrés par la masse liquide. L'impénétrabilité par la mer est une condition désirable pour la solidité de ces constructions. Comment cette condition méconnue perpétue l'instabilité de ces ouvrages. Nécessité de conglomérer les massifs rocheux par des ciments de calcaire meuble ou d'argile. Préférence à donner aux argiles, déduite de l'observation des falaises calcaires et argileuses. Expérience sur la ténacité relative de divers conglomérats en contact avec la mer.

CHAPITRE VI. — Différence constitutionnelle des courants littoraux de la mer et des courants fluviatiles. Courants fluvio-marins. Pourquoi une mer sujette à marée ne peut être traitée comme un lac. Pourquoi une digue à la mer ne peut être traitée comme un remblai. Résultat fâcheux de ces assimilations dans certaines constructions maritimes. Sagacité remarquable des Hollandais dans les ouvrages à la mer.

mer d'Allemagne, projetée au fond des deux golfes, se trouve intégralement réfléchie dans les deux mers. Effets de cette réflexion dans les deux golfes sur le relief local de la mer et sur l'établissement des ports adjacents.

CHAPITRE XI. — Comment l'interposition de l'isthme dans l'axe du détroit, sur la ligne où se produit actuellement l'interférence des deux ondes de la Manche et de la mer d'Allemagne, ne modifie pas le régime des deux mers. Comment cette interposition sur tout autre point, dans le système de la mer d'Allemagne ou dans celui de la Manche, causerait une perturbation locale considérable dans chaque golfe, en augmentant la surélévation de l'un et la dénivellation de l'autre.

CHAPITRE XII. — Considérations hydrographiques et géologiques locales. Coup d'œil général sur le relief du sol sous-marin. Canal du plus grand brassiage. Comment ce canal correspond au chemin de l'onde directe de l'Océan, projetée sur la Manche. Absence de courant permanent initial dans le détroit. Courant local dérivé. Gains de flot. Courant alternatif oscillant d'une mer à l'autre, subordonné aux marées des deux mers. Evaluation de la masse liquide débitée par le détroit. Rapport de son volume à celui des réservoirs de la Manche et de la mer d'Allemagne à leur ouvert dans l'Océan.

CHAPITRE XIII. — Faible importance des modifications survenues dans le relief des côtes du détroit depuis les temps historiques. Vestiges romains et galloromains sur les deux rives, dits camps de César. Effets du gel et du dégel sur la tranche des falaises. Eboulis minés par la mer. Exemple des éboulis actuels de la falaise du Portel, près Boulogne. Ce que deviennent ces éboulis. Désordres analogues qui ont dû abaisser et amincir le relief de l'isthme initial, et déterminer la première brèche de séparation. Examen des forces diverses accumulées pour ce résultat. Mesure relative de leur action. Induction géologique fournie par ces données pour apprécier la durée de l'élargissement du détroit, depuis l'ouverture du seuil de l'isthme jusqu'à sa limite actuelle. Causes adventices de perturbation susceptibles de modifier ces calculs. Les traces apparentes d'estrans délaissés, observés sur les falaises pyrogènes les moins altérables, à la côte de Cornouailles et dans les baies de Bretagne, ne peuvent être attribuées à un abaissement relatif du niveau de l'Océan sur ces côtes. Ces lignes ne sont que le sommet de l'estran actuel, rarement mais périodiquement atteint par les grandes marées d'équinoxe. Cette remarque est applicable à tous les points analogues où la grandeur des marées est excessive.

CHAPITRE XIV. — Théories antérieurement proposées et accueillies sur la marche des sables et sur la lame de fond. Comment ces théories, considérées comme synthèses initiales, précédant l'examen, durent être acceptées provisoirement pour le besoin de causes utiles. Difficulté que l'on éprouve à les concilier avec les faits pratiques de l'observation. Mouvement détensif produit par l'oscillation verticale de l'onde marée. Mouvement horizontal de propagation. Comment ces mouvements directs se traduisent devant les obstacles en mouvements réfléchis. Dans quelle mesure la résultante de ces deux directrices peut contribuer à modifier le relief du fond de la mer. Intervention du mètre et de la balance. Expériences variées sur un mètre cube de sable portlandien étendu pendant huit mois sur un are, dans une plage argileuse, à diverses inclinaisons, à la base, au centre, au sommet de l'estran. Effets du flot. Effets du jusant. Effets divers du vent suivant sa direction. Vent dominant. Observations sur le relief des plages arénacées submergées en permanence. Dans quelle mesure limitée agit sur ces fonds l'onde marée directe. Importance de l'action fragmentaire des courants dérivés. Limite de profondeur où l'agitation due au soulèvement de l'onde par les vents cesse d'être appréciable sur les plateaux arénacés sous-marins. Comparaison entre ces effets et ceux observés sur les dépôts fluvio-marins des rivières sujettes à marée.

CHAPITRE XV. — Les considérations précédentes déterminent dans l'œuvre projetée la création de plages factices. Dimensions de l'ouvrage. Sa base. Sa hauteur. Sa masse. Volume émergé. Volume submergé. Explication du plan annexé. Motifs de la direction finale. Plate-forme. Coupe transversale. Talus. Condition clinométrique de ces talus, sous un angle de vingt et un degrés à l'horizon. Comment la stabilité de l'isthme est subordonnée à ces inclinaisons. Glissement produit par l'agitation de l'onde marée. Course du flot. Course du jusant. Effets de cette course sur les talus. Ecueils d'enrochements à la base. Système de brise-lame proposé par M. Keller sur l'estran des talus. Examen des forces qui peuvent concourir à la dégradation fragmentaire de l'isthme, et par suite à sa destruction. Dans quelle mesure on peut diriger ou atténuer ces forces. Entretien du monument. Comment on peut faire concourir la mer à cet entretien. Moyens entrevus pour alimenter des atterrissements sur les flancs de l'isthme. Etant subordonnés aux courants de marée à intervenir sur les côtes nouvelles de l'isthme, ces moyens, bien qu'entrevus, ne peuvent être déterminés *a priori*.

CHAPITRE XVI. — Passes maritimes réservées pour la navigation. Détroits canalisés. Passe anglaise à Douvres. Passe française à Grirrez. Passe centrale au milieu de l'isthme. Pourquoi chaque passe est pourvue de deux chenals. Question des abordages à la mer. Comment les courants, par les six chenals de passage réservés dans l'isthme, seront identiques aux courants alternatifs actuels du détroit dans leurs causes, leur intensité, leur durée et leurs effets. Comment l'onde de chaque mer étant directement réfléchie par l'obstacle de l'isthme, il ne se présente dans chaque passe que la section d'onde correspondant à l'ouvert de ces passes. Comment ces passes réalisent les conditions nautiques les plus favorables. Opinion de M. Keller sur cette question.

CHAPITRE XVII. Examen du régime local de la pêche côtière, au point de vue de l'intérêt public et des populations maritimes. Changements que la présence de l'isthme pourra introduire dans les habitudes des poissons. Pêche des merlans, des maquereaux, des harengs. Route des harengs autour de l'Atlantique boréal, expliquée par la carte annexée. Comment les bancs de harengs, partis des plateaux sous-marins de Terre-Neuve, abordent l'Europe par l'Islande et se divisent en trois colonnes autour des îles anglaises. Comment la colonne de droite reste dans l'Océan en côtoyant l'Irlande. Comment la colonne du centre pénètre par la mer d'Irlande. Comment la colonne de gauche s'engage dans la mer d'Allemagne. Importance de cette troisième colonne pour les approvisionnements de l'Europe. Le détroit de Douvres est le défilé qui lui reste ouvert pour rentrer dans l'Océan par la Manche et rallier les deux autres colonnes sur la prairie sous-marine des varechs. Comment le barrage du détroit de Douvres produirait chaque année l'extermination complète de cette colonne au profit de l'Europe. Comment les deux autres colonnes, ralliées dans l'Océan, peuvent assurer l'ensemencement du frai sur les bancs de Terre-Neuve.

CHAPITRE XVIII. — Établissement d'un chemin de fer à double voie sur l'isthme de Douvres, reliant sans rompre charge les chemins de fer de l'Angleterre et du continent. Coup d'œil sur les divers moyens de jonction à niveau applicables à la traversée des chenals réservés pour la navigation. Viaducs mobiles roulant de fond sur les radiers des passes. Appareils d'enroulement pour la propulsion et le garage de ces viaducs. Bassins de retraite pour les viaducs. Tunnels sous-marins construits sous les chenals de passage. Comparaison entre les viaducs mobiles et les tunnels. Circulation interrompue. Circulation permanente. Motifs de la préférence à donner aux tunnels pour franchir ces passes.

----

tuple les forces de l'homme. Dans quelle mesure il réduit la durée des travaux.
Résultat des expériences faites sur cette machine dans les Alpes. Béliers pio-
cheurs pour l'abatage des argiles. Engins à vapeur empruntés à l'agriculture.

CHAPITRE XXIV. — Ateliers de transport. Organisation du matériel pour le
transport par terre. Calcul par tonne et par kilomètre sur les rampes de déblai
et sur les voies d'émission. Comment les roches peuvent être directement conglomérées sur le front du cavalier de l'isthme, à la base et au sommet de l'œuvre.
Organisation du matériel pour le transport par la navigation. Ilots directeurs
coulés en mer par le travers du détroit. Comment les convois de navires devront
manœuvrer pour nourrir la base des talus.

CHAPITRE XXV. — La mesure de l'avancement quotidien est circonscrite
par la limite même de l'œuvre. Première année. Volume transporté par les locomotives et la navigation. Compte des journées de navigation. Compte des journées de travail sur terre. Nombre des ouvriers répartis aux divers ateliers. Avancement durant cette année. Deuxième année. Troisième année. Maximum de
l'extension du travail. Le canal du plus grand brassiage est franchi. Quatrième
année. Cinquième année.

CHAPITRE XXVI. — Difficultés accumulées pour la clôture de l'isthme de
Douvres. Euripe de partage proposé pour séparer les ondes des deux mers, au
moyen de ceintures d'écueils gradués produisant des bassins d'eau morte jus-
qu'à l'étiage de basse mer. Explication du plan et des profils de cet euripe.
Inutilité de cet expédient pour le but proposé, démontrée ultérieurement par
M. Keller. Utilité du système pour créer des abris calmes dans les rades ouvertes.

CHAPITRE XXVII. — Nivellement de la plate-forme. Parapets d'enrochements. Inclinaison remarquable observée à la surface de la mer dans le détroit. Comment l'interposition de l'isthme peut modifier ce phénomène. Conséquences probables de cette modification.

CHAPITRE XXVIII. — Dépenses concernant la construction de l'isthme de Douvres et des passes maritimes. Moyens financiers pour l'exécution de ces plans.

CHAPITRE XXIX. — Aperçu du produit dont cette voie serait susceptible, en raison de la circulation et du trafic. Rapport de ce revenu avec le capital dépensé.

CHAPITRE XXX. — Conclusion. L'auteur réclame l'examen, par une Commission scientifique, des propositions énoncées dans ce mémoire.

Note supplémentaire. Comment le projet de l'isthme de Douvres, accueilli par un haut personnage, examiné sous ses auspices, accepté par l'hydrographie, a échoué officieusement devant les corps représentant les intérêts de la navigation en France et en Angleterre. Objections fondamentales introduites comme fins de non-recevoir. Restriction de la largeur actuelle du détroit. Création de côtes nouvelles dans un défilé couvert de navires. Accroissement du danger des abordages en mer. Détriments considérables apportés à la navigation. Le bon aménagement des passes proposées et la construction de ports nouveaux ne sont pas pour la navigation une compensation suffisante de ces détriments. Comment cet échec a déterminé l'auteur à reprendre le projet du tunnel souterrain. Progrès introduit dans cette étude par l'exploration sous-marine des bancs du détroit et de la dénudation des Épaulards.

FIN.

ERRATA.

Page 80, ligne 17, *au lieu de :* tion que nous plus économique, *lisez :* plus économique.

TABLE DES MATIÈRES.

—

APPENDICE.

—

FIN DE LA TABLE DES MATIÈRES.

PLANCHES

TYPOGRAPHIE HENNUYER, RUE DU BOULEVARD, 7. BATIGNOLLES.
Boulevard extérieur de Paris.

ANGLETERRE
FRANCE
PI. I.
DIAGRAMME GÉOLOGIQUE du Massif submergé entre le Cap Grinez et la Pointe Eastware (DÉTROIT DU PAS DE CALAIS)
POUR SERVIR AU TRACÉ D'UN TUNNEL SOUS-MARIN PAR M. A. THOMÉ DE GAMOND
offrant la réduction au quart du dessin manuscrit présenté le 20 Avril 1856 à S. M. L'EMPEREUR et soumis à la Commission officielle chargée d'examiner l'étude du Tunnel sous-marin
par ordre de S. E. M. ROUHER, Ministre de l'Agriculture, du Commerce et des Travaux Publics.
DOUVRES
ÉTOILE DE VARNE
Andinghen
Bazinghen
MARQUISE
Leubringhen
Elenghen
Ferques
PIESSES
ANGLETERRE
FRANCE
PROFIL   DU   DÉTROIT
ÉTOILE DE VARNE

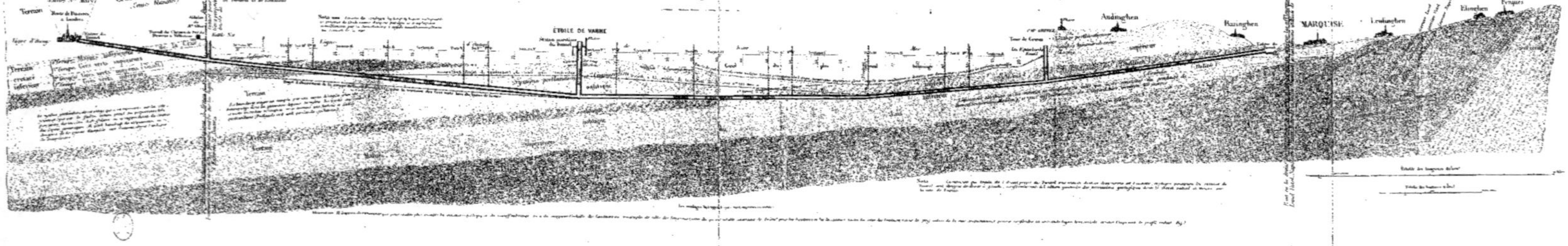

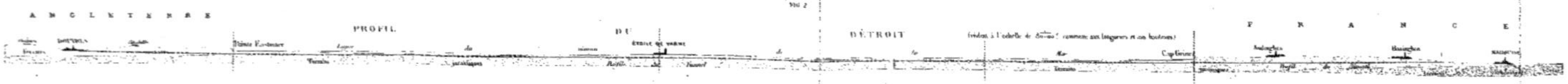

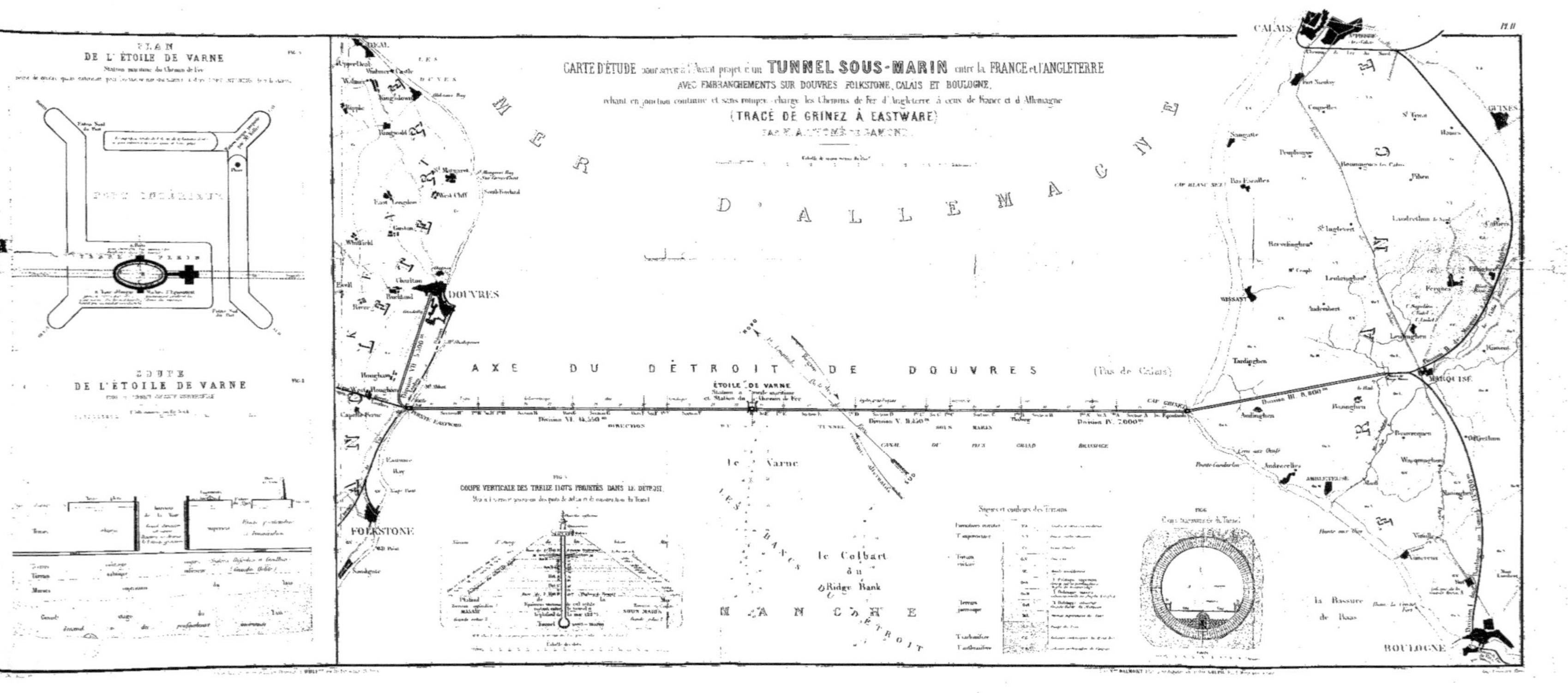

CARTE D'ÉTUDE pour servir à l'avant projet d'un TUNNEL SOUS-MARIN entre la FRANCE et l'ANGLETERRE
AVEC EMBRANCHEMENTS SUR DOUVRES FOLKSTONE, CALAIS ET BOULOGNE.
reliant en jonction continue et sans rupture de charge les Chemins de Fer d'Angleterre à ceux de France et d'Allemagne
(TRACÉ DE GRINEZ À EASTWARE)
MER D'ALLEMAGNE
MER DE LA MANCHE
AXE DU DÉTROIT DE DOUVRES (Pas de Calais)
CALAIS
BOULOGNE
DOUVRES
FOLKSTONE
MARQUISE
GUINES
WISSANT
AMBLETEUSE
CAP GRINEZ
CAP BLANC NEZ
ÉTOILE DE VARNE
le Varne
LES BANCS
le Colbart ou Ridge Bank
la Bassure de Baas
TUNNEL SOUS MARIN
CANAL DE FER CHIAD
DIRECTION
COUPE VERTICALE DES TREIZE ILOTS PROJETÉS DANS LE DÉTROIT
PLAN DE L'ÉTOILE DE VARNE
COUPE DE L'ÉTOILE DE VARNE
Signes et couleurs des Terrains

TABLEAU

PRÉSENTANT LA SÉRIE GÉOLOGIQUE, SUIVANT LEUR ORDRE DE STRATIFICATION, DES TERRAINS DU DÉTROIT DE DOUVRES (PAS-DE-CALAIS).

RÉDUCTION AU QUART DE L'ÉCRIN GÉOLOGIQUE D'EXTRAITS NATURELS, PRÉSENTÉ LE 20 AVRIL 1856 A S. M. L'EMPEREUR,

ET SOUMIS A LA COMMISSION OFFICIELLE CHARGÉE D'EXAMINER L'ÉTUDE DU TUNNEL SOUS-MARIN,

PAR ORDRE DE S. EX. M. ROUHER, MINISTRE DE L'AGRICULTURE, DU COMMERCE ET DES TRAVAUX PUBLICS.

(Cet Écrin est chez l'Auteur, à la disposition de toutes les personnes qui désireraient le consulter.)

Colonnes de gauche : **ORDRE des PROLONGEMENTS sous-marins.** — **COLONNE occupée par les extraits.** — **Nos d'ordre.**

Libellés verticaux de gauche : PROLONGEMENTS SOUS-MARINS DES TERRAINS ANGLAIS (Craie ; Argile cénom. ; Grès verts supérieurs ; Grès verts moyens ; Argile wealdien. ; LES BANCS du Détroit : le Varne, le Colbart, Oulibe, etc.) — PROLONGEMENTS SOUS-MARINS DES TERRAINS FRANÇAIS (Argiles et argile de Kimmeridge ; Terrains coralliens, Terrains oxfordiens, Terrains de la grande Oolithe ; TERRAIN carbonifère ; TERRAIN houiller ; TERRAIN anthraxif.)

Nos d'ordre	DÉSIGNATION GÉOLOGIQUE ET DESTINATION USUELLE DES ROCHES.	ÉPAISSEUR métrique des lits.	GISEMENTS.
	TERRAIN CRÉTACÉ SUPÉRIEUR.		
74	Craie blanche graphique (sommet de l'étage).	120m	Mont Abbot, à Eastware-Point.
73	Craie compacte (base de l'étage), propre à la chaux grasse.	40 »	Pied du mont Abbot.
	TERRAIN CRÉTACÉ INFÉRIEUR.		
	Quatrième groupe du système des grès verts.		
72	Marnes inférieures de la craie. Argilo de Folkstone.	10 »	Eastware-Bay.
	Grès verts supérieurs. Troisième groupe des grès verts (craie glauconieuse).		
71	10e banc. Sable quartzeux glauconifère.	4 »	Cape-Point, à l'est de Folkstone.
70	9e banc. Grès glauconieux contenant des pyrites de fer.	1.80	Cape Point.
69	8e banc. Grès glauconieux avec pyrites de fer.	0.70	Cape Point.
68	7e banc. Grès glauconieux coquiller (où la glauconie passe au carbonate de fer).	1.90	Cape Point.
67	6e banc. Grès glauconieux altéré.	1.00	Cape Point.
66	5e banc. Grès blanc glauconieux, à ciment calcaire.	1.70	Cape Point.
65	4e banc. Sable chlorité, séparant les bancs de grès situés à la partie inférieure du groupe.	1.80	Cape Point.
64	3e banc. Grès quartzeux, exploité en pavés et pierres de taille.	1. »	Folkstone.
63	2e banc. Grès quartzeux, coloré en vert par une grande quantité de glauconie (pavés et moellons).	1.20	Folkstone.
62	1er banc. Grès quartzeux glauconieux (pavés et pierres de taille).	1. »	Folkstone.
	Grès verts moyens. Deuxième groupe des grès verts.		
61	Sable fin consolidé, passant à l'argile.	2.60	Mill-Point, à l'ouest de Folkstone.
60	Argile compacte. (*Brick-Earth*) Gault.	7. »	Mill-Point.
59	Sable pulvérulent. Coloré par le silicate de fer.	2.40	Mill-Point.
58	Argile glauconieuse, avec silex conglomérés. Lit inférieur des grès verts moyens.	2. »	Mill-Point.
	Grès verts inférieurs. Premier groupe des grès verts.		
57	Grès calcaire glauconieux (pierre à bâtir).	8.50	Lympne, à l'ouest de Hythe.
56	Grès argileux coquiller, avec *ostrea carinata* et *inoceramus concentricus*.		Saltwood.
55	Grès quartzeux, où commencent à apparaître des traces de glauconie (pavés et moellons).	1.20	Saltwood.
54	Grès quartzeux, exploité en pavés.	1.30	Sandgate.
53	Grès quartzeux compacte, base du groupe des grès verts inférieurs.	1.30	Sandgate.
	Formation néocomienne.		
52	Argile wealdienne (Weald-Clay, Blue-Clay).	32. »	West-Hythe (Military-Canal).
	TERRAIN OOLITHIQUE SUPÉRIEUR.		
	Système portlandien.		
51	Sable de Portland.		Recueilli sur le banc du Varne (au milieu du détroit).
50	Grès portlandien. Identique au *Banc Roux* du mont Lambert, près Boulogne.		Banc du Varne. Colline S.-E., à 7m,50 sous l'étiage.
49	Grès portlandien coquiller. Identique au grès coquiller d'Onvaux (numéro 43), et au *Banc Griset* du mont Lambert.		Banc du Varne. Colline N.-O., à 8 mètres sous l'étiage.
48	Grès portlandien. Identique au *Banc Bleu* du mont Lambert.		Banc du Varne. Colline N.-O., à 8 mètres sous l'étiage.
47	Grès portlandien coquiller. Identique au *Banc Griset* du mont Lambert.		Banc du Colbart. Colline S.-E., à 7 mètres sous l'étiage.
46	Grès portlandien à ciment calcaire. *Banc Roux* du mont Lambert. Exploité en moellons.	1. »	Mont Lambert, près Boulogne.
45	Grès portlandien. Calcaire siliceux oolithique. *Banc Griset* du mont Lambert.	1.20	Mont Lambert.
44	Grès portlandien. Calcaire siliceux oolithique. *Banc Bleu*, exploité en pavés pour la ville de Boulogne.	3. »	Mont Lambert.
43	Grès portlandien coquiller, de la falaise d'Onvaux, près Boulogne.		Onvaux.
	Système kimméridien.		
42	Calcaire argileux, à *ostrea virgula* (chaux hydraulique).	0.35	Cap Grinez.
41	Calcaire argileux compacte (chaux hydraulique).	0.30	Cap Grinez.
40	Calcaire argileux coquiller, à *ostrea virgula* (chaux hydraulique).	0.80	Cap Grinez.
39	Calcaire argileux coquiller, à *ostrea deltoidea* (chaux hydraulique).	0.40	Cap Grinez.
38	Calcaire argileux compacte (chaux hydraulique).	0.60	Cap Grinez.
37	Lignite fibro-résinoïde, intercalé dans le grès subordonné de l'argile de Kimmeridge.		Cap Grinez.
36	Grès argileux kimméridien, avec lignites intercalés.	0.40	Cap Grinez.
35	Grès argileux kimméridien, avec empreintes végétales.	0.60	Cap Grinez.
34	Argile de Kimmeridge, base de l'étage.	51.75	Cap Grinez.
	TERRAIN OOLITHIQUE MOYEN.		
	Système corallien (Coral-rag).		
33	Calcaire argileux compacte.	3.60	Baincthun, près Boulogne.
32	Calcaire oolithique tabulaire.	0.85	Baincthun.
31	Calcaire oolithique quartzeux glauconien (traces de glauconie).	1.30	Baincthun.
	Système oxfordien.		
30	Calcaire oolithique siliceux, passant au grès.	1.50	Baincthun.
29	Calcaire oolithique argileux, subordonné dans l'argile d'Oxford.	1.20	Baincthun.
28	Argile fissile d'Oxford, base de l'étage.	15.25	Baincthun.
	TERRAIN OOLITHIQUE INFÉRIEUR (GRANDE OOLITHE).		
27	Calcaire oolithique noduleux. Exploité en chaux grasse.	2. »	Marquise.
26	Calcaire oolithique (*Banc de Roche*). Exploité en moellons, vu sa trop grande dureté pour la taille.	9.70	Marquise.
25	Calcaire oolithique (*Banc Pouliné*). Exploité en pierres de taille.	0.50	Marquise.
24	Calcaire oolithique (*Banc Roux*). Exploité en pierres de taille.	1.30	Marquise.
23	Calcaire oolithique (*Banc du Diable*). Exploité en pierres de taille.	0.75	Marquise.
22	Calcaire oolithique (*Gros Banc*). Exploité en pierres de taille.	0.90	Marquise.
21	Calcaire oolithique (*Banc Plaquettes*). Exploité en moellons.	0.50	Marquise.
20	Calcaire oolithique (*Banc Macarné*). Exploité en moellons.	0.35	Marquise.
19	Calcaire oolithique (*Gros Grain*), type de l'étage. Lits variant de 0m,60 à 1m,40. Exploité en pierres de taille.	8.90	Marquise.
18	Calcaire oolithique. Marnes de l'oolithe inférieure, employées à marner les terres arables.	4. »	Leulinghen. Carrière Vatel.
17	ARGILE A LIGNITES. TERRE A FOULON des géologues anglais.	0.30	Leulinghen.
16	OOLITHE FERRUGINEUSE. Sable ferrugineux supraliassique. Repose sur le calcaire carbonifère. Le lias manque à cette hauteur.	0.40	Leulinghen. Carrière Vatel.
	TERRAIN CARBONIFÈRE.		
15	Calcaire carbonifère, dit *marbre Napoléon* (colonne de la Grande-Armée, près Boulogne).	12. »	Leulinghen. Carrière Napoléon.
14	Calcaire carbonifère du Haut Banc, dit *Steinkalk*. Banc supérieur *de déblai*, exploité en dalles.	8	Elinghen.
13	Calcaire carbonifère du Haut Banc, dit *Steinkalk*. Banc *du milieu*, exploité en dalles.	12. »	Elinghen.
12	Calcaire carbonifère du Haut Banc, dit *Steinkalk*. Banc *rouge*. Exploité en pierres de taille.	15. »	Elinghen.
11	Calcaire carbonifère du Haut Banc, dit *marbre Henriette*.	0.65	Elinghen.
10	Calcaire carbonifère du Haut Banc, dit *marbre Caroline*.	0.75	Elinghen.
9	Calcaire carbonifère du Haut Banc, dit *Steinkalk*. Banc *inférieur*. Exploité en pierres de taille.	2.50	Elinghen.
8	ARGILE FERRUGINEUSE de la période oolithique (numéro 16), intercalée dans les failles du calcaire carbonifère. Gangue du fer carbonaté.		Ferques.
7	Minerai de FER CARBONATÉ, déposé en amas subordonnés, pendant la période oolithique, dans les failles du calcaire carbonifère.		Ferques.
6	Argilite carbonifère, coloré par le graphite. En lits subordonnés dans le terrain houiller.		Houillères d'Hardinghen.
5	Schistes carbonifères, colorés par le graphite. En lits subordonnés dans le terrain houiller.		Houillères d'Hardinghen.
4	Calcaire carbonifère, coloré par le graphite. Pied des couches de houille.		Houillères d'Hardinghen.
3	Houille à base de graphite. En amas subordonnés dans le terrain carbonifère.		Houillères d'Hardinghen.
	TERRAIN ANTHRAXIFÈRE.		
2	Calcaire anthraxifère. Marbre gris de Ferques. Exploité en dalles.	0.40	Ferques. Carrière des Communes.
1	Calcaire anthraxifère compacte (*Steinkalk*), coloré par l'anthracite. Exploité en dalles.	12. »	Ferques.